零基础
日式家庭料理

［日］岩崎启子◆著

尤斌斌◆译

中国民族摄影艺术出版社

零基础日式家庭料理

目录

第1章　每一天的主菜

第4章 米饭&汤菜&面类

第5章 需要掌握的日餐基础

本书说明

● 小匙为5ml，大匙为15ml，1杯为200ml，1合为180ml。

● 微波炉的加热时间以600W为基准。由于品牌、机型不同，会有一定影响，请适当进行调整。

● 关于食盐量，分有"少许"和"小匙1/6"等，"少许"的分量更少。请将其记作大概的标准。

● 如果没有明确指出，本书中的砂糖均使用优质白砂糖，酱油使用浓酱油，醋使用米醋，酒使用日本清酒，豆酱使用浅色咸豆酱。

如何阅读与使用本书

本书的章节由第1章的主菜、第2章的佳肴&季节特色菜、第3章的日常配菜、第4章的米饭&汤菜&面类构成，便于确定每天的菜单。而且，翻到"这道料理适合搭配！"部分，主菜的绝妙配菜和汤菜清晰可见。此外，根据读者们的意见，制作了"排行榜"标识。看到"自己想要尝试做的一道菜"和"记忆中别人给我做过的一道菜"的标识时，立即可以了解其受欢迎程度，有助于挑选菜单。希望您在每天的料理中有效地使用本书。

排行榜标识

做了有关制作日餐的问卷调查。受欢迎程度较高的料理附上标识。（详情请参照P6）

烹饪时间

所有的烹饪时间都是一个参考标准。而且，不包括冷却食材、放置几小时甚至一个晚上的时间和煮饭时间。

自己想要尝试做的一道菜
第3名

日式东坡肉

小火慢炖的猪肉块入口即化。
形状完整、肉质酥软，关键在于长时间的炖煮。

烹饪时间
2小时30分钟

材料（2人份）

五花肉（肉块）…	300g	酱油…………	2大匙
大葱（绿色部分）…	5cm	肉汤…………	2杯
生姜（薄片）…	½片	土豆淀粉……	½小匙
酒…………	¼杯	水…………	1小匙
白砂糖………	2大匙	扁豆………	50g

这道料理适合搭配！

拌滑子菇泥	P125
山芋汁	P151

6

☑ 解说

有效消除疲劳
丰富的维生素B1

猪肉含有丰富的维生素B1，其含量是牛肉和鸡肉的5~10倍，因此能有预防夏季疲乏和帮助消除疲劳。而且，东坡肉的白色部分是脂肪溶化所形成的胶原蛋白固体，具有美肌的功效。

材料

材料的分量是2人份。有些料理存在方便制作的分量。蔬菜的标准分量包括皮在内，（）内或g表示的是去除皮和芯的分量。

这道料理适合搭配！

从本书的所有料理中挑选出值得推荐的菜品搭配。考虑菜单时请将其作为参考。

解说

关于料理、食材要点和小知识的解说，同时介绍与食材的营养和料理相关的有用信息。

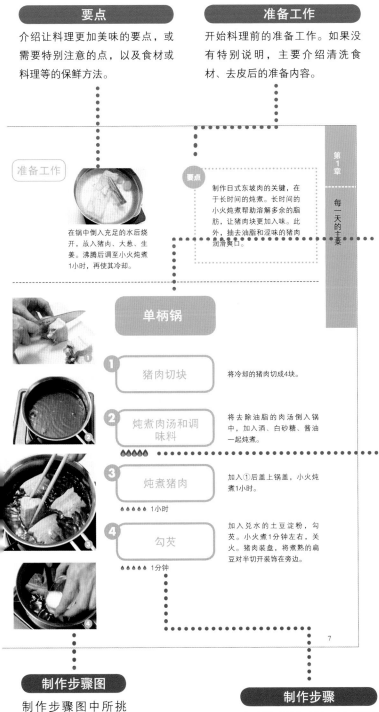

要点

介绍让料理更加美味的要点，或需要特别注意的点，以及食材或料理等的保鲜方法。

准备工作

开始料理前的准备工作。如果没有特别说明，主要介绍清洗食材、去皮后的准备内容。

准备工作

在锅中倒入充足的水后烧开，放入猪肉、大葱、生姜。沸腾后调至小火炖煮1小时，再使其冷却。

要点

制作日式东坡肉的关键，在于长时间的炖煮。长时间的小火炖煮帮助溶解多余的脂肪，让猪肉块更加入味。此外，抽去油脂和涩味的猪肉润滑爽口。

单柄锅

① 猪肉切块
将冷却的猪肉切成4块。

② 炖煮肉汤和调味料
将去除油脂的肉汤倒入锅中，加入酒、白砂糖、酱油一起炖煮。
🔥🔥🔥🔥🔥

③ 炖煮猪肉
加入①后盖上锅盖，小火煮1小时。
🔥🔥🔥🔥🔥 1小时

④ 勾芡
加入兑水的土豆淀粉，勾芡。小火煮1分钟左右，关火。猪肉装盘，将煮熟的扁豆对半切开装饰在旁边。
🔥🔥🔥🔥🔥 1分钟

烹饪器具

单柄锅和平底锅的大小、材质不同，加热时间和完成状况也会随之发生变化。本书中所使用的平底锅均用氟化乙烯树脂加工而成，直径为24~26cm，小型平底锅的直径为18~20cm。单柄锅的直径为18~24cm，深为8~9cm。

火候与加热时间

下方的标识表示大火~小火。加热时间只作参考标准，室内温度不同，所需的时间也会发生变化。如果没有标明火候，基本上用中火即可。

火候的参考标准

大火 🔥🔥🔥🔥🔥

中火 🔥🔥🔥🔥🔥

小火 🔥🔥🔥🔥🔥

制作步骤图

制作步骤图中所挑选的图片为了更加便于理解。图片仅供参考。

制作步骤

大致说明制作步骤，尽可能清晰地表示制作的流程。右侧附有制作方法的详细解说。

7

V

最受欢迎的日餐排行榜

虽都统称为日餐，但是不是还有许多人不知道日餐包括哪些料理，制作哪些料理比较受欢迎呢？我们针对100位对制作日餐感兴趣的女性做了问卷调查，总结出不同场合的受欢迎料理，接下来向各位介绍。希望能为各位读者选择菜单提供参考。

自己想要尝试做的一道菜

自己想要尝试做的一道菜

第1名 **土豆炖牛肉** ⇒P2
🍚 因为是日餐的基本料理，让人感到安心的味道（34岁·主妇）/常常看妈妈制作这道料理，自己也渐渐会做了（20岁·学生）/土豆料理中最喜欢的一道（29岁·临时工）

第2名 **猪肉酱汤** ⇒P138
🍚 因为制作简单，味道又好（35岁·主妇）/可以吃到很多蔬菜的料理（47岁·兼职）/因为喜欢淡口味，市场上卖的口味太浓（25岁·主妇）

第3名 **日式东坡肉** ⇒P6
🍚 简单但余味悠长的料理（32岁·公司职员）/家人都非常喜欢的料理（43岁·兼职）/感觉能成为为自己的拿手好菜（25岁·临时工）

第4名 **鰤鱼煮萝卜** ⇒P8
🍚 比较喜欢精心烹制的料理，所以想要尝试一下（28岁·公司职员）/因为这道料理中的萝卜很好吃（45岁·自由职业者）

第5名 **筑前煮** ⇒P10
🍚 因为感觉对身体很好（41岁·主妇）/因为是煮菜的招牌料理（24岁·兼职）/凉着吃味道也很好（31岁·主妇）

第6名 鸡蛋卷 ⇒P94

第7名 蒸鸡蛋羹 ⇒P92

第8名 天妇罗 ⇒P36

第9名 煮南瓜 ⇒P98

第10名 日式炸鸡块 ⇒P4

作为"家的味道"深受各个年龄层喜爱的土豆炖牛肉，是不折不扣的第1名。配菜丰富的猪肉酱汤位列第2。入口即化的东坡肉排名第3。第4名之后分别是筑前煮、鸡蛋卷等常见的招牌料理。

最想做给别人的一道菜

第 1 名 土豆炖牛肉 ⇒P2

因为是家人都喜爱的一道菜（25岁·主妇）/想给男朋友做，让他觉得我很能做菜（23岁·临时工）/说到家的味道，非土豆炖牛肉莫属（32岁·兼职）

第 2 名 日式炸鸡块 ⇒P4

孩子们非常喜欢，想要吃很多（44岁·主妇）/因为是能简单制作的油炸食品（30岁·公司职员）/给男朋友的便当里加了炸鸡块，他非常高兴（24岁·公司职员）

第 3 名 鸡蛋卷 ⇒P94

因为孩子很喜欢鸡蛋料理（39岁·个体营业者）/跟煎鸡蛋相比，有一种特别的味道（41岁·公司职员）/每天都想吃（25岁·公司职员）

第 4 名 蒸鸡蛋羹 ⇒P92

有时候想花点时间，做给丈夫吃（42岁·公司职员）/因为是大家聚会时必做的料理（26岁·主妇）

第 5 名 姜汁猪肉 ⇒P12

因为丈夫经常点这道菜（34岁·兼职）/因为生姜的香味和猪肉的搭配非常下饭（22岁·学生）

第 6 名 日式东坡肉 ⇒P6

第 7 名 猪肉酱汤 ⇒P138

第 8 名 鰤鱼煮萝卜 ⇒P8

第 9 名 日式牛肉火锅 ⇒P74

第 10 名 味噌煮青花鱼 ⇒P22

主要是日式炸鸡块、姜汁猪肉等孩子和男性喜爱的人气料理。此外，日式东坡肉和蒸鸡蛋羹等需要长时间制作的料理也出现在排行榜中。

记忆中别人给我做过的一道菜

第 1 名 散寿司 ⇒P64

妈妈给我做的散寿司太好吃了（40岁·主妇）/每当遇到喜事时都让别人给我做（36岁·公务员）/小时候跟妈妈一起做过（27岁·主妇）

第 2 名 蒸鸡蛋羹 ⇒P92

手工制作的蒸鸡蛋羹比市场上卖的好吃（33岁·兼职）/过世的祖母以前经常给我做的记忆中的味道（26岁·无业）/妈妈用大碗给我做蒸鸡蛋羹（42岁·主妇）

第 3 名 焖饭 ⇒P128

只有家里才有的味道，锅巴特别好吃（35岁·主妇）/是妈妈的拿手料理（27岁·临时工）/每次回老家，家人都会给我做（25岁·公司职员）

第 4 名 年糕汤 ⇒P68、P70

有时候就会很想吃老家的年糕汤（35岁·企业经营者）/在亲戚家吃过的年糕汤非常好吃（32岁·公司职员）

第 5 名 土豆炖牛肉 ⇒P2

因为喜欢妈妈做的土豆炖牛肉（41岁·兼职）/便当中常见的一道菜（26岁·公司职员）

第 6 名 糯米赤豆饭 ⇒P72

第 7 名 金平牛蒡 ⇒P96

第 8 名 天妇罗 ⇒P36

第 9 名 鸡蛋卷 ⇒P94

第 10 名 日式炸鸡块 ⇒P4

第1名的散寿司，大多时候是"妈妈为我庆祝做的料理"。焖饭和年糕汤等作为每个家庭独特的味道而深受欢迎。

第**1**章

每一天的
主菜

主菜可谓是菜单中的主角，
包括土豆炖牛肉、日式炸鸡块、筑前煮等
很常见的料理。
经常制作的料理最容易掌握其基本的制作
方法和调味技巧。
本章介绍的主要是
日餐排行榜中受欢迎程度较高的菜单。

自己想要尝试
做的一道菜
第**1**名

最想做给别人
的一道菜
第**1**名

土豆炖牛肉

人人都喜爱的土豆炖牛肉，
是一定要掌握的料理之一。
汤汁的美味渗入土豆中，
好吃到想要再来一碗。

烹饪时间

40分钟

材料（2人份）

土豆………	2个（300g）	高汤………	1杯
洋葱……	½个（100g）	酒………	1大匙
胡萝卜……	½根（60g）	白砂糖………	2大匙
牛肉………	100g	酱油………	2大匙
魔芋丝………	100g	豆角………	4根
色拉油………	2小匙		

这道料理适合
搭配！

醋泡竹筴鱼	P55
味噌汤	P142

 解说

**手工制作的汤汁
给美味加分**

土豆炖牛肉等日餐菜品，基
本上都需要使用高汤。比起
速溶高汤，使用干鲣鱼或海
带等制成的高汤，味道会更
加富有深度。

* 高汤的制作方法请参照P164。

准备工作

土豆切成一口食用的大小，浸泡在水中

洋葱切成4等分的梳子状，胡萝卜随意切块，牛肉切成一口食用的大小

魔芋丝焯水后，切成便于食用的长度

单柄锅

1 炒洋葱

🌢🌢🌢🌢🌢

色拉油倒入锅中加热，加入洋葱大火爆炒。

2 加入蔬菜和牛肉炒熟

🌢🌢🌢🌢🌢

洋葱炒出香味后，把胡萝卜、土豆、牛肉按先后顺序倒入锅中，炒熟。

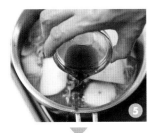

3 加入高汤和酒，撇掉浮沫

🌢🌢🌢🌢🌢

加入魔芋丝、高汤和酒继续煮。产生浮沫后，及时撇掉。

4 加入白砂糖

🌢🌢🌢🌢🌢 5分钟

加入白砂糖，盖上锅盖后小火煮5分钟。

▲完成时的参考图片

5 加入酱油继续煮

🌢🌢🌢🌢🌢 15分钟

加入酱油，继续煮15分钟左右，确保土豆变得松软。豆角去筋后斜着对半切开，撒在装盘的土豆炖牛肉上。

日式炸鸡块

多汁的鸡肉完全吸收底料的美味，
是大人和孩子都很喜爱的最受欢迎料理。
不仅可以搭配米饭，而且是绝妙的
便当配菜和下酒菜。

烹饪时间

30分钟

材料（2人分）

鸡腿肉……1块（250g）		酱油…………	2小匙
食盐……………⅕小匙		酒…………	2小匙
胡椒粉………… 少许	A	白砂糖……	½小匙
土豆淀粉……… 适量		生姜汁……	1小匙
食用油………… 适量		柠檬（切片）……	适量
		紫苏叶……………	2片

这道料理适合
搭配！

羊栖菜拌咸鳕鱼子 　P113
滑子菇小松菜味噌汤 　P153

✓解说

插入长筷子
判断油温

通过插入长筷子时的气泡状况来
判断油温。如果长筷子处安静
地冒出小气泡，大概为150℃。
冒出大气泡，大概为170℃。
剧烈地冒出大量气泡，大概为
180℃~190℃。

准备工作

鸡肉切成一口食用的大小。

鸡肉放入碗中，加入食盐、胡椒粉、A后拌匀，腌制20分钟左右。

平底锅

1 滤去腌制鸡肉的调料汁

将用调料汁腌制的鸡肉倒入笊篱中，滤去调味汁。

2 裹上土豆淀粉

把鸡肉均匀地裹上土豆淀粉后，拍去多余的面粉。

3 将鸡肉放入热油中

平底锅内倒入食用油，加热至150℃，放入②。

4 炸鸡肉

用长筷子多次翻动鸡肉，用中火炸3~4分钟，至鸡肉表面呈现金黄色。

💧💧💧💧💧 3~4分钟

5 除去水分，炸至酥脆

暂时夹出鸡肉，加大火候使油温到达180℃左右。再次放入鸡肉，将表面炸至酥脆。装入容器中，装饰紫苏叶和柠檬。

▲完成时的参考图片

💧💧💧💧💧

日式东坡肉

小火慢炖的猪肉块入口即化。
形状完整、肉质酥软，关键在于长时间的炖煮。

烹饪时间

2小时**30**分钟

材料〔2人份〕

五花肉（肉块）…	300g	酱油……………	2大匙
大葱（绿色部分）…	5cm	肉汤……………	2杯
生姜（薄片）……	½片	土豆淀粉………	½小匙
酒……………	¼杯	水……………	1小匙
白砂糖…………	2大匙	扁豆……………	50g

这道料理适合
搭配！

拌滑子菇泥　　　P125
山芋汁　　　　　P151

 解说

有效消除疲劳
丰富的维生素B1

猪肉含有丰富的维生素B1，其含量是牛肉和鸡肉的5~10倍，因此能有预防夏季疲乏和帮助消除疲劳。而且，东坡肉的白色部分是脂肪溶化所形成的胶原蛋白固体，具有美肌的功效。

准备工作

在锅中倒入充足的水后烧开，放入猪肉、大葱、生姜。沸腾后调至小火炖煮1小时，再使其冷却。

要点

制作日式东坡肉的关键，在于长时间的炖煮。长时间的小火炖煮帮助溶解多余的脂肪，让猪肉块更加入味。此外，抽去油脂和涩味的猪肉润滑爽口。

单柄锅

1 猪肉切块

将冷却的猪肉切成4块。

2 炖煮肉汤和调味料

将去除油脂的肉汤倒入锅中，加入酒、白砂糖、酱油一起炖煮。

3 炖煮猪肉

1小时

加入①后盖上锅盖，小火炖煮1小时。

4 勾芡

1分钟

加入兑水的土豆淀粉，勾芡。小火煮1分钟左右，关火。猪肉装盘，将煮熟的扁豆对半切开装饰在旁边。

自己想要尝试
做的一道菜

第**4**名

鰤鱼煮萝卜

煮鱼时如何去除腥味，
美味的关键在于暂且将鱼从锅中捞出。
小火炖煮，让萝卜吸收鰤鱼的鲜美汤汁，
味道更加浓郁。

烹饪时间

40分钟

材料（2人分）

萝卜	300g		酒	1/4杯
鰤鱼（鱼片）	2段		白砂糖	1大匙
生姜	1片	A	料酒	1大匙
水	½杯		酱油	2½大匙
海带	5cm		水	1/2杯
柚子皮	适量			

这道料理适合
搭配！

芥末拌小松菜　　　P117
裙带菜豆腐味噌汤　P152

☑解说

煮鱼使用铝箔纸小锅盖简单方便

小锅盖有各式各样的材料。因为煮鱼容易沾上鱼腥味，所以可以使用一次性铝箔代替锅盖，用完即丢，十分方便。而且制作简单，只要将铝箔压在锅沿上便可制成相应形状的锅盖。

准备工作

萝卜切成2cm厚的半月形，生姜切丝

在萝卜外侧切上几刀（暗刀）。

鰤鱼切成一口食用的大小

单柄锅

1 煮萝卜

🌢🌢🌢🌢🌢 → 🌢🌢🌢🌢🌢 15分钟

往锅中倒水，淹没萝卜，沸腾后转小火煮15分钟。

2 给鰤鱼浇汤汁

把鰤鱼放在笊篱上，浇上①中的汤汁去除腥味。然后用水将鰤鱼洗净，刮去鱼鳞片，吸去水分。

3 煮生姜和鰤鱼

🌢🌢🌢🌢🌢 → 🌢🌢🌢🌢🌢 7~8分钟

A倒入锅中煮开，放入生姜和②。使用铝箔作为小锅盖，中火炖煮7~8分钟。

4 煮萝卜

🌢🌢🌢🌢🌢 → 🌢🌢🌢🌢🌢

取出鰤鱼，加入水、海带和萝卜。沸腾后转小火，盖上小锅盖，煮至萝卜变酥软。

5 倒入鰤鱼

🌢🌢🌢🌢🌢 5分钟

将鰤鱼倒入④中，煮5分钟入味。装盘，摆放姜丝和柚子皮。

筑前煮

鸡肉的香酥和莲藕、牛蒡的爽脆口感相结合的筑前煮。
可以吃到大量蔬菜，健康美味。

烹饪时间

40 分钟

材料（2人份）

鸡腿肉…………… 150g		白砂糖……… 1小匙
胡萝卜…… ½根（60g）	A	料酒………… 1小匙
莲藕……………… 80g		酱油………… 2小匙
牛蒡……………… 60g	高汤…………… ¾杯	
干香菇…………… 3朵	酒…………… 1大匙	
魔芋……………… 80g	白砂糖…… 1大匙多点	
色拉油…………… 2小匙	酱油………… 1½大匙	
	豌豆角…………… 6个	

这道料理适合
搭配！

油炸豆腐	P57
揉腌卷心菜	P121

☑ **解说**

事先煮魔芋
去除异味和碱味

魔芋撕成一口食用的大小
后，事先煮过，可以有效去
除异味。而且，为了凝固魔
芋而使用的食用碱会使肉质
变硬，焯过热水帮助去除碱
味，放心食用。

准备工作

鸡肉切成一口食用的大
小，胡萝卜、莲藕和牛
蒡随意切块。干香菇用
水泡开后，对半切开

切好的莲藕和牛蒡浸泡在
水中，使用时除去水分

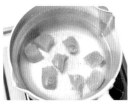

用手将魔芋撕成一口食
用的小块后煮熟

平底锅

1 炒鸡肉

🌢🌢🌢🌢🌢

将½小匙色拉油倒入平底锅后
加热，放入鸡肉大火爆炒。
鸡肉呈金黄色后盛入碗中，
再倒入A拌匀。

2 炒蔬菜

🌢🌢🌢🌢🌢 2~3分钟

将剩余的色拉油倒入平底锅
中加热，将牛蒡、莲藕和胡
萝卜先后倒入锅中，大火爆
炒2~3分钟。

3 加入高汤、料酒和
白糖继续煮

🌢🌢🌢🌢🌢 5分→10分钟

②中加入魔芋、香菇继续
炒，倒入高汤和料酒。沸腾
后转小火煮5分钟，加入白砂
糖后继续煮10分钟。

4 再次倒入鸡肉

🌢🌢🌢🌢🌢 7~8分钟

将①的鸡肉连汁倒入③中。
加入酱油后盖上锅盖，煮7~8
分钟。

5 收汁

🌢🌢🌢🌢🌢

掀开锅盖开大火收汁。将煮
熟的豌豆角切成均匀的3段，
倒入锅中拌匀。

姜汁猪肉

包裹猪肉的酱汁是诱人食欲的姜汁，一道基本的下饭菜。
猪肉富含丰富的维他命B1，具有消除疲劳的功效，
是有助于预防夏季疲乏、补充体力的料理。

烹饪时间

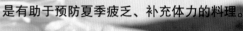

15 分钟

材料（2人份）

猪里脊肉…………… 200g	┌ 酱油 ………… 1大匙
生姜……………… 1片	│ 酒 ………… 1大匙
胡椒粉……………少许	A 白砂糖 ……… ½小匙
酒……………… 1小匙	└ 料酒 ………… ½大匙
酱油……………… 1小匙	卷心菜 …………… 2片
色拉油…………… ½大匙	野油菜 …………… 40g
	西红柿…………… 1/2个

☑ **解说**

**生姜的辛辣味中
富含人体喜爱的成分**

生姜中的辛辣成分，有助于加
快新陈代谢，促进血液循环，
增加体温。而且，还能促进消
化和抗酸化，是调节寒症和预
防感冒的健康食材。

这道料理适合
搭配！

炖茄子 P115
蚬味噌汤 P152

准备工作

生姜磨成泥后分成两份，一份挤出姜汁

猪肉摊平摆放，加入胡椒粉、姜汁、酒和酱油腌制。磨成泥的生姜与A拌匀后，制成调味料

卷心菜切丝，野油菜切成3cm长，西红柿切片

平底锅

1 烧猪肉

平底锅加热后倒入色拉油，猪肉摊平放入锅中。用大火将猪肉两面烧至金黄色。

2 加入调味料

暂时关火，加入提前拌好的调味料。如果不关火，调味料会糊掉，因此必须关火后再加调料。

▲猪肉裹满调味料

3 猪肉裹上调味料

用长筷子将猪肉和调味料搅拌均匀后，开大火继续烧。

4 装盘

容器中盛入拌匀的卷心菜丝、野油菜和猪肉，放上西红柿。

13

和风牛肉饼

牛肉饼是备受欢迎的西式料理，
用萝卜泥和橙醋调成和式风味！
分量超足的牛肉饼吃起来清新爽口。

烹饪时间
35分钟

材料（2人份）

牛肉糜	200g	丛生口蘑	½袋（80g）
鸡蛋	½个	辣椒	4根
食盐	少许	小西红柿	6个
A 酱油	1小匙	色拉油、黄油	各1小匙
胡椒粉、肉豆蔻		萝卜泥	100g
各少许		鸭儿芹	4根
洋葱	¼个（50g）	橙醋	适量

这道料理适合
搭配！

花椒嫩叶拌竹笋　**P117**
甜煮红薯　**P122**

解说

通过释放空气保持肉质的鲜美和形状

作好吃的牛肉饼，关键在于制作过程中释放多余的空气。如果不释放空气，在烧的过程中，牛肉饼可能会裂开，不仅形状走样，肉汁的鲜美也会流失。

准备工作

将牛肉糜和A倒入碗中拌匀。加入切碎的洋葱继续搅拌。

丛生口蘑切去菌柄头后撕成小片，辣椒稍微去籽，小西红柿摘去蒂头。

▲使中间向下凹

平底锅

1 做牛肉饼

取一半肉糜放在手掌上，轻轻拍打释放多余空气。整理成金币状，使中间部分稍微向下凹。按相同方法再做一个。

2 烧至金黄色

 2分钟

在平底锅里倒入色拉油加热，倒入①。盖上锅盖用中火烧2分钟，烧至金黄色。

3 小火继续烧

3分钟 → 2分钟 → 3分钟

转小火继续烧3分钟。翻面，开大火烧2分钟，转小火继续烧3分钟，盛出。

4 炒蔬菜

平底锅中放入黄油，倒入丛生口蘑、小西红柿和辣椒炒熟，撒上食盐、胡椒粉调味。

5 装盘

牛肉饼装入容器中，倒入④，在牛肉饼表面放上萝卜泥，撒上切成3cm长的鸭儿芹，浇上橙醋。

日式炸猪排

表面松脆，里面多汁，可以享受双重口感的炸猪排。
耐心炸至金黄色，
松脆好吃。

烹饪时间
25分钟

材料（2人份）

猪里脊肉	2片	鸡蛋液	½个
食盐	⅕小匙	面包糠	适量
胡椒粉	少许	食用油	适量
卷心菜	2片	酱汁	适量
面粉	适量		

这道料理适合
搭配！

芥末拌小松菜　　P117
焖饭　　P128

☑ **解说**

炸出好猪排的关键，在于在肉片上划刀

猪里脊肉的肥肉和瘦肉之间连着许多肉筋。在准备工作阶段，如果划断这些肉筋，可以在炸的过程中避免肉片卷曲，保证形状的完整。而且还能保持口感，请务必在肉片上划刀。

准备工作

用刀刃在猪肉的肉筋上划几刀。肉片两面撒上食盐和胡椒粉，用手按压。

卷心菜切丝

平底锅

1 猪肉裹上面衣

在猪肉表面裹上一层薄薄的面粉，轻轻拍去多余的面粉。沾上鸡蛋液后，再裹上面包糠，用手轻轻按压。

2 放入油锅

🔥🔥🔥🔥🔥 3~4分钟

食用油倒入平底锅中加热至170℃。热油中撒些面衣，如果听到沙沙声，面衣慢慢地炸成金黄色，说明油温刚刚好。将①放入锅中，中火炸3~4分钟。刚放入肉片时，面衣容易脱落，暂时不要用筷子触碰，直至其炸至金黄色。

3 翻面继续炸

🔥🔥🔥🔥🔥 　　🔥🔥🔥🔥🔥
1~2分钟　→　2分钟

表面呈现金黄色后翻面继续炸2~3分钟，再开大火炸2分钟，使面衣变得松脆。

4 装盘

夹出猪排，冷却2分钟左右，切块。如果立刻切，肉汁会从切口处流失，因此多放一段时间。将猪排和卷心菜丝装盘，浇上酱汁。

烧鸡肉丸

莲藕的爽脆口感是鸡肉丸的重点，有令人怀念的朴素味道。
甜辣酱汁冷却后同样美味，是便当的完美配菜！

烹饪时间

30分钟

材料（2人份）

鸡肉糜·················· 200g

大葱·················· ¼根

A
- 酒 ·················· 1小匙
- 酱油 ·················· 1小匙
- 食盐、花椒粉··· 各少许
- 生姜汁 ·················· ½小匙
- 面包糠 ·················· 3大匙
- 鸡蛋 ·················· ½个

芝麻油·················· 2小匙

B
- 酱油 ·················· 2小匙
- 料酒 ·················· 1小匙
- 白砂糖 ·················· ½小匙

白芝麻、五香粉··· 各少许

这道料理适合
搭配！

酱拌萝卜　　　　　P123
鸡蛋汤　　　　　　P148

☑解说

使用莲藕时，不要泡醋水

莲藕切后容易发黑，一般都会泡醋水。但是，在做烧鸡肉丸时，请直接加入鸡肉糜中。之所以特意不泡醋水，是为了防止肉糜的水分变多，同时还能保持莲藕原本的口感。

准备工作

大葱切碎，莲藕切丁。

碗中加入肉糜和A，搅拌至黏稠状。加入大葱和莲藕，继续搅拌均匀

平底锅

1 肉糜做成金币状

将肉糜平均分成6份，手上沾油后揉成金币状。为了确保中间部分熟透，使中间稍微向下凹。采用相同方法做6个。

2 烧至金黄色

💧💧💧💧💧 2分钟

平底锅加热后倒入芝麻油，加入①。盖上锅盖，中火烧2分钟左右，直至表面呈现金黄色。

3 小火继续烧

💧💧💧💧💧 → 💧💧💧💧💧 → 💧💧💧💧
3分钟 → → 3分钟

呈现金黄色后转小火烧3分钟。翻面后开中火烧至金黄色后，转小火继续烧3分钟。

4 浇调味料

将B拌匀后倒入③中，使鸡肉丸入味。装盘后撒上芝麻，配上五香粉。

盐烤竹筴鱼

看起来很简单，实际上做法有点复杂的烤鱼。
不是单纯在烤，稍微加点小秘诀，
卖相更佳，味道更好。

烹饪时间

25分钟

材料（**2人份**）

竹筴鱼……………… 2条
食盐……………⅓小匙
萝卜泥……………… 60g
紫苏叶……………… 2片

这道料理适合
搭配！

炒羊栖菜　　　　**P118**
揉腌卷心菜　　　**P121**

 解说

烤鱼前的一个小秘诀
使卖相更加美观

从烤架上夹出烤好的鱼时，常常会有鱼肉脱皮的现象。如何防止这个现象，关键在于烤鱼前给鱼的表面沾点水。此外，开始烤鱼前，先把烤架预热2分钟，在铁丝上涂些食用油和醋，效果更佳。装在家里煤气灶上的烤鱼架里面的火候较强，外面较弱，因此要把肉厚的一面朝内，才能受热均匀，卖相美观。

准备工作

用菜刀刮净竹笈鱼的鱼鳞

清除鱼鳃、锯齿状鳞片、内脏后彻底洗净，吸去水分（请参照P166）

在竹笈鱼侧面肉最肥的部分（背脊附近）划上几刀，撒盐腌10分钟左右

烤鱼架

1 撒盐

吸去竹笈鱼的水分，在鱼身撒满食盐。容易烤焦的鱼鳍处多撒点盐。

2 在烤鱼架上烤

（双面烤）🌢🌢🌢🌢🌢 7~8分钟
（单面烤）🌢🌢🌢🌢🌢 5分钟

竹笈鱼的头部朝内，摆在烤架上。如果单面烤，鱼的背面朝上。如果双面烤，正面朝上。（图片上的是背面朝上）

3 翻面继续烤

🌢🌢🌢🌢🌢 3~4分钟

如果是单面烤，翻面后正面朝上开大火继续烤3~4分钟。翻面时，用锅铲或长筷子压住鱼身，可以防止鱼皮脱落。烤好后装盘，摆上紫苏叶、萝卜泥和酱油。

要点 因为鱼鳍和尾鳍容易烤焦，所以需要多撒盐，烤起来比较放心。如果用铝箔包裹，可以防止过度烧烤，同时保持形状完整。

味噌煮青花鱼

味噌浓厚的香味和浓郁的口感，与偏肥的青花鱼是绝配！
在青花鱼表面划几刀，浇上热水去除腥味，
使味噌更加入味。

烹饪时间

40分钟

材料（2人份）

青花鱼	2段		酒	¼杯
生姜	1片		白砂糖	1½大匙
大葱	½根	A	酱油	1小匙
红辣椒	½根		味噌	1大匙
味噌	1大匙		水	¾杯

☑ **解说**

"1片"生姜的量有多少？

菜单中的"1片"生姜，大小大概相当于大拇指的第1个关节（10g）。生姜是日餐中不可欠缺的食材，掌握其标准量非常重要。

这道料理适合搭配！

灯笼椒炒小鳀鱼干	P119
和风沙拉	P120

准备工作

在青花鱼的鱼皮上划上几刀，放在笊篱上，用热水浇烫

生姜切成薄片，大葱切成3cm长

平底锅

1 煮汤汁

♦♦♦♦♦

将A倒入平底锅中拌匀，中火煮至沸腾。

2 放入青花鱼

♦♦♦♦♦

青花鱼鱼皮朝上放入锅中，同时加入生姜、红辣椒和大葱。

3 盖上小锅盖炖煮

♦♦♦♦♦ 10分钟

用铝箔制作一个比平底锅直径稍小的锅盖，盖在锅中。用中火煮10分钟。

4 加入味噌

♦♦♦♦♦ 5分钟

把味噌倒在平底锅的空余部分，用汤汁溶化味噌。盖上小锅盖，继续煮5分钟。

5 关火，晾一会儿

关火后，晾15分钟。再次开火加热，汤汁更加黏稠可口。

凉拌竹筴鱼

如果入手了新鲜的竹筴鱼，就来享受凉拌竹筴鱼的美味吧。
切丁的竹筴鱼肉巧妙地搭配青椒和生姜，是道下酒好菜。
练习三片刀法的同时，尝试做一道凉拌竹筴鱼！

烹饪时间

20分钟

材料（2人份）

竹筴鱼	2条
大葱	3cm
青椒	½个
生姜	½片
紫苏叶	2片
襄荷	2瓣
黄瓜	½根
酱油	适量

这道料理适合搭配！

肉松炖南瓜	P111
芥末拌小松菜	P117

☑**解说**

日本竹筴鱼最美味的时节，是在长膘的4~7月份。

鲹科海鱼的种类很多，日本近海可以捕获的就多达20种，平常说的鲹科海鱼一般指的是"日本竹筴鱼"。日本竹筴鱼全年上市，如果要做凉拌或者生鱼片，肥肉最多的4~7月是最好的选择。新鲜竹筴鱼的标准是，鱼身肥大紧致有光泽，鱼眼清澈黑亮。

准备工作

刮净鱼鳞，切除锯齿状鳞片

切去头部，取出内脏。用自来水洗净后，拭干水分

大葱、青椒和生姜切碎

1 用三片刀法切鱼

将刀刃放在中间脊骨上，把鱼身切成三片（详细切法请参照P166）。

2 去除中间脊骨和鱼皮

剔去留在鱼身上的中间脊骨。捏住脊骨朝头部方向拉，可以去除干净。从头部向尾部方向揭下鱼皮。

3 竹筴鱼肉切丁

切除尾部附近的坚硬部分。鱼肉切丁后，用菜刀轻轻拍打。

4 加入佐料

③中加入大葱、生姜和青椒，用菜刀轻轻拍打后拌匀。拍打过度容易变得黏稠，稍微搅拌即可。

5 装盘

将④装盘，再装入紫苏叶、切成薄片的襄荷、削了皮的沾水黄瓜。再浇上酱油。

竹筴鱼南蛮渍

小竹筴鱼长约10cm，不需切除鱼头、鱼刺，整条鱼放入油锅油炸。
酸味酱汁激发食欲，不管吃多少都觉得美味依旧。

烹饪时间
40分钟

材料（2人份）

小竹筴鱼…………	200g	酱油 …………	¼杯
大葱…………	¼根	醋 …………	¼杯
胡萝卜…………	30g	A 白砂糖	
生姜…………	½片		1½大匙
青椒……	1个（30g）	高汤 …………	¼杯
红辣椒…………	½根	面粉…………	适量
		食用油…………	适量

这道料理适合
搭配！

白芝麻拌蔬菜　　P124
泽煮碗　　P149

☑解说

**使用塑料袋
沾裹面粉
既方便又简单！**

给小竹筴鱼沾裹面粉时，可以将其放入塑料袋中，确保鱼身均匀裹满面粉，简单方便。一次性完成，而且不会弄脏手，制作油炸食品时同样推荐采用此方法。

准备工作

用手摘去小竹笋鱼的鳃部，清除内脏。彻底洗净，拭干水分。

大葱、胡萝卜切成3cm长的细丝，生姜切丝。青椒和红辣椒去籽后，切成圆片。

平底锅

1 调制酱汁

用锅熬煮A，沸腾后倒入平盘内，加入生姜和红辣椒。

2 油炸竹笋鱼

🌢🌢🌢🌢🌢 3分钟

小竹笋鱼全身均匀裹上面粉。将食用油倒入平底锅中加热至170℃，倒入小竹笋鱼油炸3分钟。如何判断油温呢，插入长筷子时如果冒出较大的泡泡，说明油温正合适。

3 将竹笋鱼和蔬菜倒入酱汁中

趁热将竹笋鱼按顺序夹入①的酱汁中，再撒上大葱、胡萝卜和青椒。腌渍15~20分钟之后，便可装盘。

要点

南蛮渍的"南蛮"二字，在古语中指的是葡萄牙和西班牙。当时，使用大葱、辣椒等辛香味蔬菜，采用油炸的烹饪方法尚属新奇，菜名由此而来。据说，南蛮咖喱、南蛮鸭等菜名也是源自在烹饪过程中使用了大葱。

干烧比目鱼

只要把鱼块放在平底锅中煮熟即可，做法比想象中要简单。
仔细浇上汤汁炖煮，鱼肉入味后味道更佳。

烹饪时间

20分钟

材料（2人份）

比目鱼（鱼块）…… 2块
生姜……………………½片
裙带菜（用水泡开）
………………………60g
萝卜嫩叶… 1袋（80g）

A
| 酒 ……………… 2大匙 |
| 料酒 …………… 1大匙 |
| 酱油 …………… 2大匙 |
| 白砂糖 ………… 2小匙 |
| 水 ……………… 1杯 |

这道料理适合
搭配！

揉腌卷心菜　　P121
松肉汁　　　　P140

☑解说

**装盘时使用
木锅铲和长筷子◎**

炖煮比目鱼等肉质较软的鱼
时，装盘时容易变形，需要特
别注意。比起只使用长筷子，
如果同时使用木锅铲等厨具小
心装入盘中，可以保证完整的
卖相。

准备工作

在比目鱼的肉质较厚处
划上几刀，保证鱼肉可
以熟透

生姜切丝，裙带菜切成
一口食用的大小，萝卜
嫩叶切除根部

平底锅

1 制作调味料

🔥🔥🔥🔥

将A倒入平底锅中，煮沸。

2 煮比目鱼

🔥🔥🔥🔥🔥 10分钟

①中加入比目鱼和生姜。用
铝箔当作小锅盖，中火炖煮
10分钟。

3 倒入汤汁

🔥🔥🔥🔥🔥

频繁揭开小锅盖，浇上汤
汁，使鱼肉更加入味。

4 加入裙带菜和
萝卜嫩叶

比目鱼煮熟后，在平底锅的
空余部分加入裙带菜和萝卜
嫩叶，稍微煮一会儿。

和风生鱼片

蔬菜的松脆口感突出生鱼片的爽滑。
使用芥末的和风作料清新爽口，
没有食欲的时候也觉得好吃。

烹饪时间

15分钟

材料（2人份）

鲷鱼（用来做生鱼片）

··················	150g
萝卜··················	80g
鸭儿芹··············	10g
大葱··················	6cm
咸鲑鱼子··········	1大匙
紫苏叶··············	2片

A	芥末泥 ·········	¼小匙
	醋 ··············	1小匙
	淡酱油 ·········	1小匙
	色拉油 ·········	1大匙
	食盐 ··············	少许

这道料理适合
搭配！

肉丸煮芜菁	P47
笋焖饭	P147

☑ **解说**

将发源于意大利的生牛肉料理做成日式风味

生牛肉料理是指在生肉或生鱼上浇柠檬汁和酱汁制成的料理。原本属于意大利料理，但是搭配芥末酱油后，就变身为清新爽口的日式风味料理。

30

准备工作

萝卜切丝后浸泡在水中，再滤净水分。鸭儿芹切成3cm长，大葱对半切后取出菜芯，切丝浸泡在水中

搅拌A，制作酱汁

1 蔬菜摆放在盘中

将萝卜、鸭儿芹和大葱拌匀，平铺在盘中。

2 鲷鱼切片

鲷鱼皮朝下，切成薄片。菜刀倾斜靠近鱼身，一口气切出完整的鱼片。

3 摆放鲷鱼片

将②一片一片整齐摆放在①上。鲷鱼片原本带皮的那面朝上，摊开摆盘。

4 浇上酱汁

整体浇上酱汁，将切成薄方块的紫苏叶和咸鲑鱼子洒在上面。

要点 切片是将较厚的食材切薄，以方便食用的料理方法。鲷鱼等肉质紧致的白鱼，经常采用切片法。完整切片的关键，在于避免按住菜刀或前后移动菜刀，要用菜刀一口气切出鱼片。

山芋煮乌贼

山芋吸收汤汁和乌贼的鲜美，
让人感到放心舒适的味道。
暂时夹出乌贼，最后再放入锅中，
可以避免乌贼变硬，保持酥软口感。

烹饪时间

45分钟

材料〔2人份〕

乌贼	············ 1碗	A	白砂糖	······ 2大匙
山芋	············ 300g		酒	············ 2大匙
高汤	············ ¾杯		酱油	············ 2大匙

解说

煮前焯水，
去除山芋的黏液

煮山芋，关键在于煮前焯水，
用流水冲去表面的黏液。这会
让山芋更加入味，汤汁不会变
得混浊。如果实在无法清除黏
液，就用盐搓后洗净。

这道料理适合
搭配！

蒸鸡蛋羹	P92
香油拌菠菜	P115

32

准备工作

乌贼去除肠子和软骨，彻底洗净后拭去水分。身体部分切成宽约1cm的圆片。

乌贼脚切去吸盘和脚尖部分，切成方便食用的大小（详细的切法请参照P178）

山芋切成一口食用的大小，倒入锅中，加入大量的水没过山芋，大火炖煮。沸腾后转小火继续煮3分钟。用流水洗净黏液，滤去水分。

单柄锅

1 调好汤汁，放入乌贼

🌢🌢🌢🌢🌢 2~3分钟

将A倒入锅中煮开，放入乌贼。乌贼煮太久容易变硬，2~3分钟后捞出。

2 倒入山芋

🌢🌢🌢🌢🌢 → 🌢🌢🌢🌢 15~20分钟

①中倒入山芋和高汤，盖上锅盖。沸腾后转小火继续煮15~20分钟。

3 再次倒入乌贼

山芋变软后再次倒入乌贼，搅拌均匀。

4 吸收汤汁

🌢🌢🌢🌢🌢

开中火，转动煮锅，让山芋和乌贼吸收汤汁。

▲转动煮锅，吸收汤汁

肉豆腐

不仅是下饭菜，还是绝妙的下酒菜。
豆腐不用刀切，用手掰开更容易吸收汤汁。

烹饪时间
25分钟

材料（2人份）

卤水豆腐	1块	
薄牛肉	100g	
洋葱	½个（100g）	
魔芋丝	100g	
鸭儿芹	10g	
色拉油	2小匙	

A	酱油	2大匙
	白砂糖	
		1½大匙
	酒	1大匙
	高汤	¾杯

这道料理适合
搭配！

冬葱凉拌金枪鱼　**P116**
蚬味噌汤　**P152**

☑ 解说

不同的料理
使用不同种类的豆腐

卤水豆腐和嫩豆腐的区别，
在于所含水分和口感。虽然
每一人的喜好各异，但是做
煮菜和油炸料理时最好使用
较硬的卤水豆腐。如果想要
品尝凉拌豆腐和豆腐汤的滑
溜口感，最好使用嫩豆腐。

准备工作

洋葱切成宽约1cm的块状，分散开来。牛肉切成一口食用的大小，鸭儿芹切成3cm长

用厨房用纸裹住豆腐，吸去多余水分

魔芋丝焯水，稍微冷却后分成6~8份，卷成魔芋卷

单柄锅

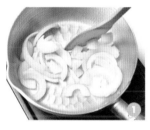

1 炒洋葱

倒入色拉油加热，大火爆炒，直至洋葱呈透明状。

2 加入调味料和牛肉

①中加入A煮，展开牛肉后夹入锅中。用长筷子夹住牛肉，展开肉片使其吸收汤汁。

3 放入魔芋卷

放入魔芋后加热至沸腾。出现泡沫要及时撇去。

4 倒入豆腐

→ 10分钟

豆腐用手掰成6小块。沸腾后转小火，继续炖煮10分钟左右。

5 加入鸭儿芹

煮熟后加入鸭儿芹，稍微再煮一会儿。

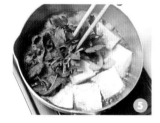

天妇罗

天妇罗同时可以享受食材本身的味道和面衣的松脆感，
挑选家人偏爱的食材制作，大家都很喜欢。
好吃的秘诀，在于面衣和油温。

烹饪时间
40分钟

材料（2人份）

虾·················· 4只
乌贼·············· 80g
莲藕·············· 40g
胡萝卜············ 30g
青椒·········· 1个（30g）
香菇·············· 2朵
茄子·········· 1个（80g）
鸡蛋·············· ½个
面粉·············· ½杯
食用油············ 适量

[蘸汁]
高汤·············· 4大匙
料酒·············· 2小匙
酱油·············· 2小匙

这道料理适合
搭配！

醋拌凉菜　　　 P108
冷面　　　　　 P155

☑ 解说

如何保证天妇罗
面衣的松脆口感？

面衣决定了天妇罗的味道。
制作松脆面衣的秘诀，在于
使用凉水，以及不要过度搅
拌。面衣的温度过高，搅拌
过度容易变得黏稠，口感也
会随之变得厚重，需要特别
注意。

准备工作

虾去除背肠，剥去虾壳（留下尾巴）。洗净后吸去水分

切去尾部三角形部分的末端，在腹部划上几刀，把虾身拉直

乌贼切成一口食用的大小，莲藕切片，胡萝卜切成4cm长的粗条。青椒竖着对半切开，去籽后再对半切开。香菇切去菌柄。茄子去蒂，竖着对半切开后，再横着对半切开。

平底锅

1 制作面衣

鸡蛋中加入½杯凉水，加入筛好的面粉，轻轻拌匀。

2 炸虾和乌贼

🌢🌢🌢🌢🌢 2分钟

锅中倒入食用油，加热至170℃，将虾和沾了面粉的乌贼裹上面衣后油炸。油中先滴几滴面衣，如果沉至一半又浮起的话，说明油温正合适。彻底去除水分，以防止乌贼和虾下锅后溅油。

3 炸蔬菜

🌢🌢🌢🌢🌢 2分

调低油温（160℃左右），将蔬菜类裹上面衣后下锅炸。胡萝卜条放在木锅铲上下锅炸，以免漂浮在油中。

4 调制蘸汁

锅中倒入调制蘸汁的佐料煮沸。天妇罗装盘，配上蘸汁。

▲放在木锅铲上以保持形状完整

炸什锦

各种食材混合油炸的炸什锦，吃起来别有风味。
不喜欢蔬菜的孩子们也能吃得开心，
还可以作为大碗盖浇饭或荞麦面、乌冬面的盖浇配菜。

烹饪时间

15分钟

材料（2人份）

虾	6只	玉米粒	40g
洋葱	60g	鸡蛋	¼个
胡萝卜	30g	面粉	⅓杯
鸭儿芹	10g	食用油	适量

☑️解说

使用木锅铲和长筷子保持形状完整

制作炸什锦时，将食材放在木锅铲或勺子上，调整形状后再开始油炸。入锅后，用长筷子挡住什锦面团，保持完整的形状。

这道料理适合搭配！

酒蒸蛤蜊	P100
萝卜干	P106

准备工作

虾去除背肠，剥去虾壳洗净。吸去水分后切成3段。

洋葱切丝，鸭儿芹切成3cm长。胡萝卜切成3cm长的棒状。

如果玉米粒是冷冻的，解冻后要滤去水分。

平底锅

1 制作面衣

鸡蛋中加入½杯凉水，加入筛好的面粉，轻轻拌匀。

2 将配料倒入面衣中制作什锦

①中倒入配料，轻轻拌匀。

3 将什锦轻轻放入锅中

💧💧💧💧💧 2分钟

▲使用木锅铲轻轻滑入油中

平底锅倒入食用油，加热至170℃。如果插入长筷子出现大气泡，说明油温正合适。将②盛在木锅铲上调整形状，轻轻滑入油中，炸2分钟。

4 翻面继续炸

💧💧💧💧💧 2分钟

什锦在油锅中凝固后，小心翻面，继续炸2分钟，炸至松脆。因为什锦容易散架，所以最好使用笊篱捞起后翻面。食用时，可以根据个人口味搭配食盐。

关东煮

天气变凉就会想吃的关东煮。
让食材足够入味的关键，
在于准备阶段的一个小秘诀。
小火慢炖，美味可口。

烹饪时间

75分钟

材料（2人份）

萝卜	200g	煮鸡蛋	2个
魔芋	½块	鱼圆	2个
牛蒡卷	2根	海带结	2个
油炸豆腐	½块	A 高汤	4杯
鱼肉山芋饼	1块	淡酱油	2大匙
筒状鱼卷	½根	料酒	1大匙

这道料理适合
搭配！

炒扇贝	P112
芥末拌小松菜	P117

☑ 解说

使用厚底锅代替砂锅也行

砂锅离开火后也不会很快冷却，是多人围坐吃关东煮时最合适的锅具。但是，如果做完后立即吃，可以使用带锅盖的厚底锅。薄底锅容易烧糊，使用时务必小心。

准备工作

萝卜切成2cm厚的圆片，表面划上十字。锅中倒入大量的水和萝卜，沸腾后小火炖15分钟

魔芋表面划上网格，斜着切成两半

将牛蒡卷和斜着切成两半的油炸豆腐放在笊篱上，浇热汤去油

鱼肉山芋饼和筒状鱼卷斜着切成两半，煮鸡蛋剥壳

砂锅

1 煮萝卜和鸡蛋等

🌢🌢🌢🌢🌢 → 🌢🌢🌢🌢🌢 20分钟

锅中倒入A，放入萝卜、魔芋、鸡蛋和海带结后盖上锅盖，开火炖煮。沸腾后转小火，煮20分钟。

2 加入油炸豆腐和筒状鱼卷等

🌢🌢🌢🌢🌢 10分钟

加入油炸豆腐、筒状鱼卷、牛蒡卷和鱼圆，继续煮10分钟。

3 加入鱼肉山芋饼

🌢🌢🌢🌢🌢 4~5分钟

最后放入容易吸收汤汁的鱼肉山芋饼，煮4~5分钟。

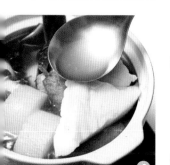

▲往食材上浇汤汁

4 暂时冷却后，再次开火

🌢🌢🌢🌢🌢

煮熟后，先暂时关火冷却，再次开小火。一边往食材上浇汤汁，一边加热，让汤汁更加入味。

牛肉八幡卷

用牛肉卷牛蒡和胡萝卜做成的简单料理。
不但美味，而且能摄取丰富的食物纤维，是一道健康菜。
牛蒡的爽脆口感更是锦上添花。

材料（2人份）

牛肉薄片………… 200g

牛蒡……………… 50g

A ┌ 酱油 ………… 1小匙
　└ 白砂糖 ………½小匙

胡萝卜…………… 40g

豌豆角…………… 4根

食盐、胡椒粉… 各少许

色拉油…………… 1小匙

B ┌ 酱油 ………… 2小匙
　└ 料酒 ………… 2小匙

制作方法

❶牛蒡对半切开，纵向切成4等分后浸泡在水中。用锅炒至变软，加入A拌匀冷却。

❷胡萝卜切成粗条，豌豆角去蒂后倒入锅中煮熟。

❸展开牛肉，撒上食盐和胡椒粉。取一半①和②放在肉片一端卷起来。采用相同方法再做一个。

❹平底锅加热后涂上一层色拉油，将③卷完的部分朝下，开中火煎炸。转动牛肉卷煎至金黄色，转小火盖上锅盖，频繁翻动，煎4~5分钟。

❺关火后倒入B。再次开中火，收汁。稍微冷却后切块。

烹饪时间
20分钟

这道料理适合
搭配！

煮南瓜　　　P98
和风沙拉　　P120

材料（2人份）

鸡翅···················· 6个

生姜···················· 1片

甜椒········· ¼个（50g）

煮鸡蛋················· 2个

香油················· 1小匙

A ┌ 酱油 ·········· 2大匙

├ 醋 ············· 2大匙

├ 白砂糖

│ ············· 1½大匙

├ 水 ············· ½杯

└ 酒 ············· 2大匙

红辣椒···············½根

制作方法

① 鸡肉洗净后吸去水分。生姜切薄片，甜椒切丝，煮鸡蛋剥壳。

② 锅加热后涂上一层香油，倒入鸡肉大火煎至金黄色。加入生姜、红辣椒、A和煮鸡蛋后盖上锅盖。

③ 沸腾后转小火继续煮15分钟，加入甜椒后煮5分钟。煮鸡蛋切成两半，装盘。

糖醋鸡翅煮鸡蛋

甜醋煮鸡翅，非常爽口的一道菜。
鸡肉吸收了汤汁的鲜美，
与煮到恰到好处的鸡蛋相得益彰。

烹饪时间

30分钟

这道料理适合
搭配！

香油拌菠菜　　　　 P113
揉腌卷心菜　　　　 P121

材料〔2人份〕

鸡腿肉……1块（250g）

A
- 酱油 ……… 1½大匙
- 料酒 ………… 1大匙
- 白砂糖 ……… ½小匙
- 生姜汁 ……… ½小匙

食盐……………… 少许
酒………………… 1小匙
刺芹…… 1小根（60g）
色拉油…………… 1小匙
樱桃萝卜………… 2个

制作方法

❶ 用叉子在鸡皮上戳几个小洞，将A拌匀。

❷ 鸡肉里加入食盐、酒和2小匙调好的A。腌10分钟入味。刺芹纵向切成薄片。

❸ 平底锅加热后涂上一层色拉油，鸡皮朝下夹入锅中。用中火将鸡皮煎至金黄色，转小火继续煎5分钟。

※产生鸡的油脂或烤糊时，用厨房用纸拭去。

❹ ❸翻面后继续用小火煎5分钟，同时将刺芹倒入锅内煎熟。夹出刺芹和鸡肉。

❺ 将剩余的A倒入平底锅中，煮到只剩一半。重新倒入鸡肉，用中火收汁。切开鸡肉，配上刺芹和樱桃萝卜。

这道料理适合
搭配！

青煮款冬　　　 P104
松肉汤　　　　 P140

照烧鸡肉

鲜美多汁的鸡肉充分吸收了甜辣酱汁。
稍重的口味，非常下饭。
为了保证外表的光泽，
制作时务必确认烧烤程度。

烹饪时间

30分钟

材料（2人份）

乌贼（身体部分）　150g
卤水豆腐…………　100g
洋葱………………　30g
土豆淀粉…………　2小匙

A
生姜 ………… ½小匙
酒 ………… 1小匙
白砂糖 ……… ½小匙
食盐 ………… ¼小匙
胡椒粉 ……… 少许

烧麦皮……………　12张
色拉油…………… 适量
水………………… ¾杯
芥末、醋酱油… 各少许

制作方法

❶ 乌贼去皮后仔细拍打，豆腐用厨房用纸包裹，吸去水分。洋葱切碎后，与土豆淀粉拌匀。

❷ 将乌贼和豆腐捣碎放入碗中拌匀。加入A后搅拌，再加入洋葱拌匀。

❸ 烧麦皮切成宽约5mm的条。将②分成10等分，搓圆后包上烧麦皮。

❹ 平底锅涂上一层薄薄的色拉油，摆好③。开大火，从一端注水后盖上锅盖。沸腾后转小火烘烤10分钟。

❺ 将④装盘，配上芥末和醋酱油。

和风烧麦

不用蒸锅，用平底锅就能完成的烘烤料理。简单方便！
豆腐绵密的口感和乌贼的鲜味浑然天成。
只有手工制作才有的美味。

烹饪时间

25分钟

这道料理适合
搭配！

羊栖菜拌咸鳕鱼子　**P113**
冷汁　**P150**

冷涮肉沙拉

猪肉的冷涮肉沙拉搭配多种蔬菜，营养丰富。
因为已经去除多余的油脂，所以热量低也是一大卖点。
酸梅沙司的酸味让味道更加爽口。

烹饪时间
20分钟

材料〔2人份〕

猪肉（用做涮肉）
…………………… 150g
生菜…………………… 2片
黄瓜……… ½根（45g）
西红柿
…………1小个（100g）
襄荷…………………… 1瓣
大葱…………………… 6cm
秋葵…………………… 4根
土豆淀粉………… 少许
咸梅干…………………… 2粒

A ┌ 料酒 ………… 2小匙
  │ 色拉油 ……… 1大匙
  │ 醋 ………… 2小匙
  │ 食盐、胡椒粉
  └   各少许

制作方法

❶生菜撕成一口食用的大小，黄瓜切丝，西红柿切块，襄荷切成薄片。大葱对半切开后去除菜心，切丝后浸泡在水中。秋葵剥去萼部，撒上食盐后拌匀。

❷锅中的热水沸腾后，秋葵焯水切成两半。猪肉裹上薄薄的土豆淀粉后快速焯水，放入笊篱中。

❸容器中装入蔬菜和猪肉。咸梅干去核后轻轻拍打，与A拌匀后作调味料。

这道料理适合
搭配！

冬瓜虾仁盖浇菜　P102
灯笼椒炒小鳀鱼干　P119

这道料理适合
搭配！

凉拌竹笋鱼　　　　P24

卷心菜土豆洋葱味噌汤　P153

材材料（**2人份**）

鸡肉·················· 100g

A

生姜汁 ·········· ⅓小匙

酒 ············· 1小匙

酱油 ············· 1小匙

食盐、胡椒粉 ···各少许

大葱（切碎）··· 1大匙

芜菁·········· 3个（240g）

芜菁叶·················· 80g

B

高汤 ············· 1杯

酒 ············· 1大匙

白砂糖 ·········· 2小匙

酱油 ············· 1小匙

食盐 ············· ⅓小匙

制作方法

❶鸡肉糜倒入碗中，加入A，搅拌至黏稠。

❷芜菁留一点茎部，纵向切成两半。放入装满水的碗中，用牙签清除茎部的脏物。锅中热水煮沸，菜叶焯水后切成3cm长。

❸将B倒入锅中煮开，将①揉成一口食用的大小放入锅中。加入芜菁后盖上锅盖，沸腾后转小火继续煮15分钟，然后加入菜叶煮5分钟。

第
1
章

每
一
天
的
主
菜

烹饪时间

30分钟

肉丸煮芜菁

肉丸和芜菁充分吸收汤汁，可以感受日式料理独有的美味。
芜菁稍微留点茎部以保证形状完整，享受独特的松脆口感。

30分钟

姜汁沙丁鱼

沙丁鱼的酥软肉质充分入味，既下饭又下酒的一道菜。
大量的酱油消除鱼腥味，还有促进食欲的效果。

材料（2人份）

沙丁鱼⋯⋯⋯⋯⋯ 4条
生姜⋯⋯⋯⋯⋯⋯ 1片
水⋯⋯⋯⋯⋯⋯⋯ 1½杯
醋⋯⋯⋯⋯⋯⋯⋯ 1大匙
酒⋯⋯⋯⋯⋯⋯⋯ 3大匙
白砂糖⋯⋯⋯⋯⋯½大匙
酱油⋯⋯⋯⋯⋯⋯ 1½大匙

制作方法

❶用刀背刮去沙丁鱼的鱼鳞，切去头部。去除内脏后用流水洗净，吸干水分（请参照P166）。生姜切成粗条。

❷锅中倒入水、醋和酒。放入沙丁鱼后撒上生姜。

❸用铝箔制作小锅盖，盖在②上，开中火煮5分钟。加入白砂糖和酱油盖上锅盖，继续煮10分钟。

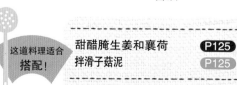

这道料理适合
搭配！

甜醋腌生姜和襄荷　　**P125**
拌滑子菇泥　　　　　**P125**

这道料理适合
搭配！

芥末拌小松菜　　P117
猪肉酱汤　　　　P138

材料（2人份）

红金眼鲷⋯⋯⋯⋯⋯⋯ 2块
生姜⋯⋯⋯⋯⋯⋯⋯ 1/2片
牛蒡⋯⋯⋯⋯⋯⋯⋯ 40g

A
酒⋯⋯⋯⋯⋯⋯⋯ 3大匙
白砂糖⋯⋯⋯⋯⋯ 1大匙
酱油⋯⋯⋯⋯⋯ 1½大匙
水⋯⋯⋯⋯⋯⋯⋯ ½杯

制作方法

❶ 在红金眼鲷鱼片上划上几刀，生姜切成粗条。

❷ 牛蒡纵向4等分，切成3cm长后浸泡在水中。锅中倒入大量的水，放入牛蒡，煮至酥软。

❸ 平底锅倒入A煮开，加入红金眼鲷、生姜和②。用铝箔制作小锅盖，盖上小锅盖，开中火煮10分钟。装盘，配上生姜丝。

干烧红金眼鲷

烹饪时间
25分钟

带有浓浓酱油味的日式料理。
用简单的调味料煮厚鱼片，享受酥软的口感。
使用长筷子和木锅铲轻轻从锅中取出，便可保证装盘时形状完整。

材料（2人份）

鰤鱼……………… 2块
食盐………………⅛小匙
西兰花……………… 60g
大葱……………½根
色拉油……………1小匙
A ┌ 酱油……………1大匙
  │ 料酒……………1小匙
  │ 酒………………2小匙
  └ 白砂糖………½小匙

制作方法

❶鰤鱼撒盐腌制5分钟。西兰花纵向切成两半，大葱切成3cm长。

❷用厨房纸吸去鰤鱼表面的水分。平底锅加热后涂上一层色拉油，鰤鱼的表面朝下放入锅中，开中火煎至金黄色。

❸煎至金黄色后，转小火煎3分钟，翻面后继续煎3分钟。

与此同时，在平底锅的空处加入西兰花和大葱，与鰤鱼一起煮。

❹夹出鰤鱼和蔬菜，倒入A拌匀。汤汁煮到剩一半时，再倒入鰤鱼收汁儿。

❺装盘，配上蔬菜。

烹饪时间
20分钟

这道料理适合
搭配！

青煮款冬 P104
白芝麻拌蔬菜 P124

照烧鰤鱼

肉质较肥的鰤鱼，推荐采用味道浓厚的照烧做法。
不属于肉类的厚实感和浇汁的光泽，
是非常美味的下饭菜。

油炸青花鱼

青花鱼肉质紧致，油炸也不会觉得油腻。
油炸后趁热食用。
适合酸橙的清香。

烹饪时间

25分钟

材料（2人份）

青花鱼… 半条（200g）

A ⎡ 酱油 ………… 1大匙
　⎢ 酒 …………½大匙
　⎣ 生姜汁 ………½小匙

土豆淀粉………… 适量

食用油…………… 适量

灯笼椒…………… 4个

酸橙……………… 1个

制作方法

❶ 青花鱼切片，与A拌匀
后放15分钟，滤去汤汁。

❷①裹上薄薄的土豆淀粉
后，放入加热至170℃的
食用油中油炸。

❸灯笼椒去蒂，用竹签戳
开几个小孔，稍微油炸。

❹②、③装盘，配上切成
两半的酸橙。

这道料理适合
搭配！

炖茄子　　　P115
揉腌卷心菜　P121

盖浇蔬菜炸鱼

炸得酥脆的鳕鱼上，浇一层浓稠的蔬菜。
因为蔬菜切丝，
可以品尝多种蔬菜。
除了鳕鱼，肉质松软的白鱼均可做得美味。

烹饪时间

30分钟

材料（2人份）

鳕鱼…………… 2块
食盐………… ⅛小匙
胡椒粉………… 少许
酒…………… 1小匙
土豆淀粉、食用油
………… 各适量
生姜（薄片）…… 1片
胡萝卜………… 20g
金针菇………… 40g
大葱………… 6cm
菠菜………… 50g

A	高汤 ……… ¾杯	
	料酒 …… 2小匙	
	酱油 …… 2小匙	
	食盐 …… ⅛小匙	

土豆淀粉……… 2小匙
水…………… 4小匙

制作方法

❶鳕鱼切成一口食用的大小，撒上胡椒粉和酒，裹上土豆淀粉。食用油加热至170℃，放入鳕鱼油炸2~3分钟。

❷生姜切丝，胡萝卜切成3cm长的细丝，金针菇切去根部后，切成两半。大葱切成两半，去心后切丝。菠菜焯水后切成3cm长的段。

❸将A倒入锅中煮开，加入生姜、胡萝卜、大葱和金针菇。沸腾后加入菠菜，再次煮至沸腾。

❹③中倒入用水溶化的土豆淀粉，勾芡后煮至沸腾。

❺①装盘，将④浇在鱼肉上。

这道料理适合搭配！

醋凉拌 P121
甜煮红薯 P122

52

烹饪时间

30分钟

烤沙丁鱼串

沙丁鱼肉质松软，体型小巧，马上可以处理完毕。
制作烤鱼串，完美品尝沙丁鱼的鲜美。

材料（2人份）

沙丁鱼……………… 4条
面粉……………… 适量
芦笋……………… 2根
色拉油………… 2小匙
A ┌ 酱油 ……… 1½大匙
  │ 料酒 ………… 1大匙
  │ 酒 ………… 1大匙
  └ 白砂糖 ……… ½大匙

制作方法

①用刀背刮去沙丁鱼的鱼鳞，切去头部。去除内脏后用流水洗净，吸干水分（请参照P166）。削去腹骨，切成两半后裹上薄薄的一层面粉，芦笋切除坚硬部分，削去叶鞘，切成3等分。

②平底锅用中火加热后，涂上一层色拉油，沙丁鱼鱼皮朝下放入锅中。转小火煎2分钟后，翻面继续煎2分钟，然后夹出。

③稍微擦一下平底锅，芦笋清炒后倒出。倒入A，开中火煮至一半，倒入②收汁。

④沙丁鱼装盘，配上芦笋。

这道料理适合
搭配！

什锦豆　　　　P114
和风沙拉　　　P120

材料（2人份）

鲣鱼（带皮）…… 200g
大蒜……………… 2瓣
色拉油…………… 2小匙
食盐…………… ⅙小匙
柠檬汁…………… 1大匙
洋葱……… ¼个（50g）
襄荷……………… 1瓣
小葱……………… 2根
萝卜泥… ½杯（100g）
紫苏叶…………… 2片
A ⌈ 酱油 …………… 1大匙
  ⌊ 醋 …………… 1小匙

制作方法

❶大蒜切成薄片，与色拉油一起倒入平底锅中。用小火~中火煎至金黄色后取出。

❷鲣鱼撒上食盐，鱼皮朝下放入平底锅中。开大火煎1分钟后翻面，再煎1分钟后取出，马上放入冰水中冷却。

❸ 吸去❷的水分，浇上柠檬汁，用手帮助鱼肉吸收，切成宽约1cm的鱼片。

❹洋葱切碎，浸泡在水中后滤去水分。襄荷切丝，小葱切碎。萝卜泥滤去水分。

❺❶、❸、❹装盘，搭配紫苏叶。A调匀后用作调味料。

凉拌鲣鱼

常常被认为是高级料理，
其实用平底锅就能轻松完成，请试着挑战一下。
关键在于煎完后立即冷却，防止鱼肉熟透。

这道料理适合
搭配！

花椒嫩叶拌竹笋　　P117
泽煮碗　　　　　P149

烹饪时间
　20分钟

醋泡竹筴鱼

竹筴鱼切成3片，用混合醋浸泡。
稍微带点酸味的料理。
醋香弥漫，口感酸爽。

烹饪时间

30分钟

材料（2人份）

竹筴鱼·················· 2条
食盐·················· 1大匙
A ┌ 醋 ··············· ¼杯
  │ 白砂糖 ········ 1大匙
  └ 食盐 ··········· ⅕小匙
黄瓜（切丝）
·············· ½根（45g）
紫苏叶·················· 2片
生姜（切丝）········½片
花穗紫苏············· 4根

制作方法

① 用刀背刮去竹筴鱼的
鱼鳞，切去头部。去除内
脏后用流水洗净，吸干
水分后切成3片（请参照
P166）。削去腹骨，去除
背骨后在两面撒盐。裹上
保鲜膜，放入冰箱冷藏2
小时，使鱼肉更加紧致。
② 稍微清洗①，吸去水
分，用拌匀的A腌1小时。
③ 取出②，从头部向尾部
扯下鱼皮。在鱼肉上划格
子状，切片。
④ 黄瓜、生姜泡水，滤去
水分。③装盘，配上紫苏
叶、黄瓜和生姜，放上花
穗紫苏。

这道料理适合
搭配！

煮南瓜   **P98**
裙带菜豆腐味噌汤

豆腐猪肉饼

招牌菜汉堡肉，
加入肉沫和豆腐，华丽升级为健康菜。
豆腐独特的滑嫩口感，
与萝卜泥巧妙搭配在一起。

材料〔2人份〕

卤水豆腐············ 150g
洋葱·················· 50g
色拉油············· ½小匙
猪肉糜············· 100g
A ┌ 食盐 ········ ⅛小匙
　│ 胡椒粉 ········ 少许
　└ 鸡蛋 ··········¼个
野油菜·············· 40g
樱桃萝卜············ 2个
紫苏叶·············· 2片
萝卜泥·············· 60g
酱油················ 适量

制作方法

❶ 用厨房纸包裹豆腐，用镇石压20分钟左右。

❷ 洋葱切碎放入耐热容器中，浇上色拉油，不需裹保鲜膜，直接放进微波炉中加热1分钟后，冷却。

❸ 肉糜和A倒入碗中，搅拌至粘稠。一边加入豆腐，一边搅拌。再加入②继续搅拌均匀。分成4份，揉成圆形后压平，调整形状。

❹ 平底锅加热，涂上1小匙的色拉油，放入③用中火煎。煎至金黄色后转小火，盖上锅盖煎3分钟，翻面后继续煎3分钟。

❺ 野油菜切成3cm长，樱桃萝卜切成薄片，紫苏叶切丝拌匀。装盘，摆入④和滤水后的萝卜泥，配上酱油。

烹饪时间

35分钟

这道料理适合
搭配！

冬葱凉拌金枪鱼　P116
甜煮红薯　P122

材料〔2人份〕

卤水豆腐…1块（300g）

小葱………………… 1根

生姜…………………½片

萝卜泥… ½杯（100g）

A ┌ 高汤 …………… ¼杯
　├ 料酒 ………… 2小匙
　└ 酱油 ………… 2小匙

食用油…………… 适量

土豆淀粉………… 适量

干鲣鱼……¼袋（0.5g）

制作方法

❶ 用厨房纸包裹豆腐，吸去多余水分后，切成4份。

❷ 小葱切碎，生姜磨泥。萝卜泥滤去水分。

❸ 将A倒入锅中，煮开。

❹ 食用油加热至170℃，①裹上土豆淀粉入锅油炸。豆腐膨胀后炸至金黄色，炸3分钟左右。

❺④装盘，浇上③，配上②、干鲣鱼。

油炸豆腐

油炸豆腐可以同时享受外酥里嫩的口感。
因为煎豆腐时容易溅油，
所以最好彻底吸去豆腐多余的水分。

料理时间

20分钟

这道料理适合
搭配！

芥末拌小松菜　　 P117

鲑鱼咸鲑鱼子盖浇饭　　P146

油炸豆腐团

油炸豆腐团原本是斋菜的一种，
在关西被称作"飞龙头"。
山药入馅，口感不错，用来作煮菜或关东煮都合适！

材料（2人份）

卤水豆腐…………… 200g
山药……………… 20g
虾（去壳）………… 60g
黑木耳…………… 4个
胡萝卜…………… 20g
A［酱油 …………½小匙
　料酒 …………½小匙
食盐………………¼小匙
鸡蛋………………¼个
食用油………… 适量

烹饪时间

30分钟

制作方法

①用厨房纸包裹豆腐，用镇石稍微压一下，吸去水分。山药磨泥，虾去除背肠后仔细拍打。

②黑木耳用水泡开，切去菌柄头后切丝。胡萝卜切成2cm长的细丝。用锅煮木耳和胡萝卜，滤去水分，趁热与A拌匀，冷却。

③豆腐用滤网（笊篱）过滤，加入食盐、鸡蛋、山药拌匀。加入虾轻轻搅拌，分成6份后揉成圆形。

④食用油加热至170℃，③滑入油锅中，炸至酥脆。

这道料理适合
搭配！

萝卜干　　　　　P106
香油拌菠菜　　　P113

材料〔2人份〕

莲藕……………	150g
虾（去壳）……	150g

A
食盐…………	¼小匙
酒…………	1小匙
生姜汁………	⅓小匙
蛋清…………	¼个
面包糠………	2大匙

大葱（切碎）……	2大匙
土豆淀粉………	适量
食用油…………	适量

制作方法

❶ 仔细拍打虾，与A搅拌，加入大葱后拌匀。

❷ 莲藕切成厚约5mm的藕片，2片1组，内侧裹上土豆淀粉。将①等分，贴在莲藕的上面（裹上土豆淀粉的那面），把另一片藕片再贴在上面。

❸ 食用油加热至160℃，放入②油炸3~4分钟。稍微冷却后切成两半装盘。

油炸藕块

莲藕不仅含有丰富的食物纤维，
而且还富含大量维生素C和钙，
是极具营养的食材。
油炸帮助增加香味，
口感爽脆。

料理时间

30分钟

这道料理适合搭配！

醋拌凉菜	P108
滑子菇小松菜味噌汤	P153

鳗鱼茄子炖鸡蛋

这道料理适合搭配！

什锦豆 ·········· P114
揉腌卷心菜 ······ P121

高汤炖煮鳗鱼和茄子，口味浓重的鸡蛋汤。
鸡蛋不要加热过度，半熟即可出锅。
请使用您喜爱的食材尝试这道菜。

烹饪时间
20分钟

材料（2人份）

烤鳗鱼串·················½片

小葱·····················20g

茄子·············3根（240g）

A ┌ 高汤 ·················½杯
  │ 酒 ·················1大匙
  │ 白砂糖 ···········1小匙
  │ 酱油 ···········1½小匙
  └ 食盐 ·············⅙小匙

鸡蛋·····················2个

制作方法

①烤鳗鱼串切成长条，小葱切成3cm长。

②茄子去蒂，去皮后纵向切成两半。接着横向切成两半，再纵向切成长条。浸泡在水中，然后滤去水分。

③将A倒入小平底锅中煮开，加入②后盖上锅盖煮2~3分钟。加入鳗鱼，沸腾后撒上小葱。

④将打好的鸡蛋液倒入③中。盖上锅盖，关火。用余热将鸡蛋加热成半熟状态。

什锦鸡蛋卷

加入肉类和各种蔬菜的什锦鸡蛋卷，让人感到满足的一道菜。
鸡蛋的黄色搭配蔬菜鲜艳的色彩，呈现华丽的外观。
煎蛋时注意火候，以免烤糊。

烹饪时间

20分钟

材料（2~3人份）

胡萝卜……………………20g
香菇……………………… 2朵
菠菜………………………30g

A
┌ 高汤 ………… 3大匙
│ 酒 ………… 1大匙
│ 食盐 …………⅓小匙
└ 白砂糖 …… 1½大匙

鸡肉糜………………………50g
鸡蛋……………………… 4个

B
┌ 酒 ………… 2小匙
│ 酱油 …………½小匙
│ 食盐 ……… 少许
│ 白砂糖 ………½小匙
└ 高汤 ………… 1大匙

色拉油…………… 适量

制作方法

❶ 胡萝卜切成2cm长的细丝，香菇切去菌柄后切成薄片。菠菜焯水后切成1cm长。

❷ 将A倒入锅中煮开，放入肉糜拌匀。加入胡萝卜和香菇，沸腾后转小火，频繁搅拌煮5~6分钟。

❸ 在碗里打好鸡蛋，加入B拌匀。加入菠菜和冷却的②，拌匀。

❹ 煎蛋器加热后涂上色拉油，将③慢慢倒入煎蛋器中，分几次一边卷一边煎（做法与鸡蛋卷相同→请参照P94）。

这道料理适合
搭配！

牛肉时雨煮　　　**P110**
香油拌菠菜　　　**P113**

基本菜单

 散寿司

 年糕汤
~清汤~

 年糕汤
~白酱汤~

 糯米赤豆饭

 日式牛肉火锅

 紫菜寿司卷

 海带鲷鱼

 萩饼

其他

 和风牛排

 涮牛肉

 手卷寿司

 鱼肉末鸡蛋卷

 栗子金团

 黑豆

 清炖雏鸡

 什锦火锅

第**2**章

特殊日子的佳肴与季节特色菜

在喜事或者纪念日等大家团聚的特殊日子，
做一些比日常料理豪华的佳肴招待大家。
精心制作的料理，
肯定会成为大家难以忘怀的回忆。
正月的年节菜和冬日的火锅等，
请试着挑战季节特色菜吧！

散寿司

散寿司是庆祝宴席或多人聚会时的
美味佳肴。虽然需要花费精力和时间，
但是手工制作的美味无与伦比。
肯定能让大家感到满意！

烹饪时间

70分钟

材料（4~6人份）

米·················· 3合	牛蒡·············· 60g	┌ 高汤 ·········· 1大匙
[混合醋]	干瓢·············· 10g	B ├ 白砂糖 ······· 1大匙
醋·············· 4½大匙	胡萝卜············ 60g	├ 醋 ··········· 2大匙
白砂糖············ 1大匙	干香菇············ 4朵	└ 食盐 ········· 少许
食盐·········· 1½小匙	油炸豆腐·········· 1片	鸡蛋·············· 4个
	扁豆·············· 8片	白砂糖············ 4小匙
	┌ 高汤 ·········· ⅔杯	食盐·············· 少许
	A ├ 酒 ··········· 2大匙	色拉油············ 适量
	├ 白砂糖 ······· 2大匙	烤海苔············ ½片
	└ 酱油 ········· 3大匙	咸鲑鱼子·········· 2大匙
	莲藕·············· 40g	

准备工作

米淘净后，倒入电饭锅中煮熟

拌匀混合醋的材料

牛蒡削成竹叶状薄片，浸泡在水中，滤去水分

干瓢洗净后用食盐揉匀。与水一起倒入锅中，煮软后，切成宽约1cm的细条

胡萝卜切成长约3cm的细丝，干香菇用水泡开后切去菌柄后切成薄片。油炸豆腐浇过热水后横向切成细条

扁豆切筋，焯水后斜着切成细条

**单柄锅
平底锅
木盆**

1

煮蔬菜

🌢🌢🌢🌢 → 🌢🌢🌢🌢🌢 15分钟

将A倒入锅中拌匀，煮开。加入牛蒡、干瓢、香菇和油炸豆腐，盖上锅盖，沸腾后转小火煮15分钟。

2

加入胡萝卜

🌢🌢🌢🌢🌢 5分钟

将胡萝卜加入①中拌匀，继续煮5分钟。

3 煮莲藕

🌑🌑🌑🌑🌑 → 🌑🌑🌑🌑🌑 10分钟

莲藕切成薄片，浸泡在水中。倒入锅中，加水没过莲藕，沸腾后转小火继续煮10分钟。

4 用调味料腌制

③倒入笊篱，B拌匀，趁热将莲藕倒入B中腌制。

5 鸡蛋液倒入平底锅中

🌑🌑🌑🌑🌑

鸡蛋打好后加入白砂糖和食盐搅拌。平底锅开中火，涂上一层色拉油，倒入¼的鸡蛋液，摊平。

6 煎薄薄的鸡蛋饼

🌑🌑🌑🌑🌑

鸡蛋煎至半熟后，用筷子插入鸡蛋背面。转动筷子，同时向上挑起。翻面后煎背面，出锅。重复⑤~⑥过程，煎4张饼。

7 制作鸡蛋丝

⑥冷却后，4张饼叠起来切丝，制作鸡蛋丝。

8 米饭浇上混合醋

米饭熟后倒入木盆中，浇上混合醋。稍等一会儿，等米饭吸收混合醋后，用饭勺拌匀。

9 一边用扇子扇风，一边搅拌

混合醋拌匀后，一边用扇子扇风，一边继续搅拌，使米饭保持光泽，冷却到与体温相当的温度。

10 拌匀配菜

将滤去汤汁的②加入⑨中，拌匀。米饭彻底冷却后容易黏在一起，因此要趁还温热时加入饭中搅拌。

11 装盘，撒上海苔

将⑩装入稍微较大的容器中。揉碎海苔，撒在米饭上面。海苔可以最后撒入，不过会挡住咸鲑鱼子和扁豆的颜色，所以最好还是提前撒入，保持外表美观。

12 撒上鸡蛋丝和咸鲑鱼子

在⑪表面撒上鸡蛋丝、滤去汤汁的④、咸鲑鱼子和扁豆，注意色彩搭配。装盘方式比较随意，只要不是集中在某一处，整体均匀撒上配菜即可。

要点 木盆用完后，要用洗洁剂洗净，放在阴凉通风处风干。如果直接收好木盆，环箍（金属栓）容易脱落，因此必须风干后放好。

年糕汤 ~清汤~

说到年菜，首先浮现在脑中的就是年糕汤。汤汁透明的清汤年糕汤，味道清淡，主要见于关东、东北和九州的部分地区。

烹饪时间
20分钟

记忆中别人给我
做过的一道菜
第**4**名

材料（2人份）

方形年糕·············· 2个

鸡肉················· 60g

香菇················· 2小朵

小松菜·············· 30g

胡萝卜·············· 30g

高汤················· 2杯

食盐················· ½小匙

酱油················· 1小匙

柚子皮·············· 适量

☑解说

**年糕的形状是圆形还是方形？
不同地区的年糕汤，其材料和味道也
不尽相同**

年糕汤是极具地方特色的一道菜，每个家庭所使用的配菜和做法均不一样。年糕分成方形年糕和圆形年糕。当然，烤年糕和煮年糕分别使用不同形状的年糕，不过，简单区分的话，东日本主要使用方形年糕，西日本使用圆形年糕。据说，这也是东京年糕汤和京都年糕汤的起源。

准备工作

鸡肉切片

香菇切去菌柄，在菌伞上划几刀（请参照图片），作为装饰

小松菜焯水后切成3m长，胡萝卜切成粗条

单柄锅

1 煮鸡肉和蔬菜

将高汤倒入锅中煮开，加入鸡肉、香菇和胡萝卜，转小火煮7~8分钟。

 🔥🔥🔥🔥🔥 → 💧💧💧💧💧 7~8分钟

2 加入调味料

①中加入食盐、酱油调味。

3 烤年糕

在烤箱的板上铺上一层铝箔，将年糕烤至金黄色。使用烤鱼的烤架也可以。

4 装盘

将③倒入碗中，加入②和用汤汁加热的小松菜。配上用装饰切法切的柚子皮。

年糕汤 ~白酱汤~

水煮圆形年糕搭配白味噌的年糕汤，
主要见于西日本地区。微甜的白味噌
味道浓郁，与清汤年糕不一样的美味。

烹饪时间

30分钟

材料（2人份）

圆形年糕⋯⋯⋯⋯⋯ 2个

山芋⋯⋯⋯⋯⋯⋯⋯ 2个

胡萝卜⋯⋯⋯⋯⋯⋯ 40g

萝卜（切成圆片）
⋯⋯⋯⋯⋯⋯ 4片（80g）

高汤⋯⋯⋯⋯⋯⋯⋯ 2杯

白味噌⋯⋯⋯⋯⋯ 100g

野油菜⋯⋯⋯⋯⋯⋯ 20g

干制鲣鱼⋯⋯⋯⋯ 适量

✅ **解说**

**京都风味年糕汤里通常会放
吉祥物八头芋**

提起白味噌年糕汤，京都风味的年糕汤最有名。不
过，在京都，年糕汤里通常会放八头芋。八头芋是山
芋的一种，取自八字的繁盛之意以及"成为人的首
领"（成为人上人）的吉利说法，是年节菜中经常使
用的蔬菜。

准备工作

山芋切去头尾，刮去厚皮

锅中倒入大量的水，加入山芋煮开，去除黏液

胡萝卜切成圆片，与萝卜一起下锅煮

单柄锅

1 煮白味噌

🌑🌑🌑🌑🌑 → ⬤⬤⬤⬤⬤⬤ 7~8分钟

将高汤倒入锅中煮开，加入味噌。味噌不需要搅拌，小火煮7~8分钟，慢慢溶化。

2 加入蔬菜

⬤⬤⬤⬤⬤ 10分钟

味噌溶化后，加入山芋、萝卜和胡萝卜，小火继续煮10分钟左右。

3 煮年糕

另一个锅中加入热水，铺上烹饪用纸后放入圆形年糕。因为年糕受热后，容易黏住锅底，所以最好放在烹饪用纸上煮。

4 装盘

为了防止年糕黏住碗底，先放一片萝卜片，再将年糕放在萝卜片上。分别夹入1片山芋、胡萝卜和萝卜，倒入汤汁。野油菜焯水后切成3cm长，根据个人口味撒上干鲣鱼。

▲将年糕放在萝卜片上。

糯米赤豆饭

每逢喜事时不可或缺的料理，糯米赤豆饭。
不分季节出现在庆祝宴席上的固定菜单，
也可以作为平时的配菜。
其实做法不难，请务必尝试制作。

烹饪时间
90分钟

材料（容易制作的分量）

糯米·······················3合

豇豆·······················　60g

芝麻盐··················　适量

☑**解说**

关东地区使用"豇豆"，不同地区所
使用的材料和调味料也不尽相同

糯米赤豆饭一般都使用赤豆，但是有些地区使用不同
的材料。比如，关东地区一般使用"豇豆"。据说，
赤豆在蒸的过程中容易开裂，这容易让人联想到切
腹，因此在武士较多的关东地区，就使用豆皮坚固的
豇豆。除此之外，在新潟县的部分地区会加入酱油，
在东北地区会加入白砂糖和甘纳豆调成甜味。每个地
区都有当地的特色。

准备工作

倒入水没过豇豆，煮沸后转小火继续 煮2分钟。滤去汤汁加水（3杯），沸腾后煮15分钟，将汤汁（3杯）分盛在其他容器中。加水（2杯），煮至豇豆变软。

用汤匙搅拌分盛在其他容器中的汤汁（3杯），制作色水。豇豆在长时间的炖煮过程中颜色变得混浊，因此用中途盛出的汤汁制作色水，可以保证颜色鲜艳。

糯米淘净后倒入色水，再加水没过糯米，搅拌后放置6小时

蒸锅

1 糯米滤去水分

将糯米倒入笊篱，彻底滤去水分。不要急着倒掉色水，保留。

2 倒入糯米和豇豆

在冒蒸汽的蒸锅上铺一层纱布，糯米和豇豆拌匀后倒入锅内。用饭勺使中间部分下凹，以便蒸汽更加容易通过。*使用蒸布代替纱布也行

▲浇汤汁

3 蒸的同时，反复搅动糯米

 1時間

用纱布裹上②后，盖上锅盖用中火蒸1小时。每隔15分钟浇入少许色水，上下搅动糯米。检查蒸锅的水量，如果水量变少，要及时加水。

4 撒上芝麻盐

蒸好后，用扇子扇风的同时搅拌糯米，让米粒富有光泽。装盘，撒上芝麻盐。

日式牛肉火锅

甜辣味道的火锅底料刺激食欲，日式牛肉火锅是一种特别的冬季佳肴。不但制作简单，而且还是大家一起享用的料理。

烹饪时间

20分钟

材料（4人份）

牛肉（用于做牛肉火锅）
………………………… 600g
大葱………………… 2根
白菜………………… 4片
香菇………………… 6朵
烤豆腐……………… 1块
魔芋丝……1袋（250g）
茼蒿………………… 200g

牛油………………… 适量

A ⎧ 酱油 ……………½杯
  ⎪ 料酒 ……………½杯
  ⎨ 白砂糖 …………2大匙
  ⎪ 海带汤 …………¾杯
  ⎩ （海带汤的制作方法
    请参照P165）

鸡蛋………………… 4个

☑ 解说

加入火锅底料是关东风味的特征

日式牛肉火锅在关东地区和关西地区的制作方法完全不同。关东地区使用火锅底料炖煮食材，而关西地区只用白砂糖和酱油调味、煮熟食材。

准备工作

牛肉切成大片，大葱切片，白菜切成稍大一点的粗条。香菇切去菌柄后切成两半，烤豆腐切成方块

魔芋丝焯水后，切成便于食用的长度

A拌匀后，制作火锅底料

锅

1 涂上牛油

锅加热后，放入牛油，均匀涂满锅底。

🌑🌑🌑🌑

2 煎大葱和牛肉

加入大葱，煎至散发葱香味，再展开牛肉，夹入锅中。

🌑🌑🌑🌑🌑

3 浇入火锅底料

牛肉稍微煎好后，浇入火锅底料。

🌑🌑🌑🌑🌑

4 加入蔬菜、豆腐等

加入豆腐、香菇、魔芋丝和白菜继续煮。最后加入切除根部的茼蒿，稍微煮一会儿。浇上打好的鸡蛋液。

紫菜寿司卷

紫菜寿司卷是每逢过节经常会吃的料理。
加入色彩丰富的配料，切口也变得美观，饭桌更加华丽。
为了确保寿司卷形状完整，卷的时候一定要用力。

烹饪时间
40分钟

材料（2人份）

米·················· 1.5合

[混合醋]

　醋 ·············· 2大匙
　白砂糖 ········· 1大匙
　食盐 ············ 1小匙

干瓢·············· 10g

干香菇············· 4朵

海苔·············· 2片

糖醋生姜·········· 适量

A
　高汤 ············ ½杯
　酱油 ············ 1大匙
　白砂糖 ········· 1大匙
　酒 ·············· 1小匙

虾················· 5只

B
　醋 ·············· 1½小匙
　白砂糖 ········· ⅔小匙
　食盐 ············ 少许

鸡蛋卷············ 1个鸡蛋

黄瓜·············· 纵向¼根

☑解说

满怀愿望
吃惠方卷

作为习俗而为人熟知的"惠方卷"，原本是祈祷生意昌隆的食物。正确的吃法是，面向当年的福气方向（惠方），脑中想着自己的愿望，安静地吃完一整根寿司卷。

76

准备工作

米饭蒸好后，浇上混合醋搅拌，制作寿司饭（制作方法请参照P67）

干瓢煮熟，干香菇泡水恢复原样后切去菌柄，切成薄片。将A倒入锅中煮开，转小火继续煮20分钟左右，冷却

虾挑去背肠，插好竹签入锅煮熟，保持身体笔直。稍微冷却后去壳，纵向切成两半，加入B拌匀

黄瓜纵向切成两半，鸡蛋卷切成棒状

卷帘

1 铺上海苔和寿司饭

展开卷帘，海苔正面朝下铺好。加入寿司饭（一半）摊平，海苔的上方部分留出2cm。

2 摆放配菜

在①的前⅓处摆放配菜。分别调整配菜的长度，摆放平均。

3 一口气卷好

提起卷帘前方，按住配菜的同时，一口气卷好。中途停顿，容易造成配菜掉落，因此需要用力卷，一口气完成整个过程。然后按住两端，调整形状。

4 切开

从卷帘中取出3，用湿润的菜刀切开。使用锋利的菜刀，为了不破坏海苔寿司卷的形状，菜刀不要前后移动，一刀切开。装盘，配上糖醋生姜。

海带鲷鱼

鲷鱼是庆祝宴席上最常被使用的食材之一。
无论是生鱼片还是盐烤，都很美味。用海带包裹更是增添鲜美，
让人享受其淡淡鲜香。

烹饪时间

15分钟

材料（2人份）

鲷鱼（用于做生鱼片）
………………… 250g

海带……………… 4~5片

食盐……………… 适量

萝卜（切丝）…… 150g

紫苏叶…………… 4片

赤芽……………… 少许

芥末泥…………… 少许

花穗紫苏………… 少许

☑解说

容易失去新鲜度的鱼
用海带包裹，保存的时间更长

海带包裹是长久保存生鱼的方法之一。用食盐和海带就能制作，如果鱼片没有用完，最好使用这种方法保存剩余鱼片。除了鲷鱼以外，还适用于鰤鱼等肉质较软的鱼类。海带吸收鱼的水分，鱼肉变得紧致，同时还能吸收海带的鲜味。因此可以享受到与生鱼片不同的美味。如果想要突出比平时更高一个层次美味的话，可以配上紫苏叶、萝卜，甚至赤芽和花穗紫苏等色彩艳丽的蔬菜，让外观看上去更加华丽。

准备工作

鲷鱼削片

厨房纸泡过醋水后，擦拭海带表面

①

平盘

1 海带上撒盐

将海带平铺在平盘上，撒少许食盐。

②

2 摆放鲷鱼片

摆放鲷鱼片，注意不要重叠，撒少许食盐。

3 铺上海带

在②上铺上海带，撒少许食盐。重复②、③步骤，在最上方铺上海带。

②

4 裹上保鲜膜，放入冰箱冷藏

给③裹上保鲜膜后放入冰箱冷藏3~4小时，使鲷鱼片肉质更加紧致。紫苏叶、泡过水的萝卜和鲷鱼片装盘，配上赤芽、花穗紫苏和芥末。

③

萩饼

萩饼原本是春分和秋分时节吃的甜点，
现在一年四季都能吃到。
虽然制作萩饼需要花费许多时间和精力，
但是手工制作的豆沙更加香甜可口。

烹饪时间

2 小时

材料（约16个）

糯米	3合	白砂糖	300g
赤豆	300g	食盐	少许

准备工作

糯米淘净后倒入电饭锅中，浸泡1小时后再蒸熟

用研磨棒捣蒸好的糯米，注意保持米粒的形状完整

解说

多余的豆沙馅可以放入冰箱冷冻

如果有豆沙馅剩余，可以分成几小包，用保鲜膜裹好，装入冷冻专用袋冷冻，可以保存1个月左右。解冻时，稍微加点水煮就可以。做小豆汤或者搭配刨冰，都很美味。

单柄锅

1

煮赤豆

🌢🌢🌢🌢🌢 → 🌢🌢🌢🌢🌢 3分钟+3分钟

赤豆洗净后倒入锅中，加入充足的水煮开。沸腾后转小火煮3分钟左右，滤去汤汁（煮后倒出水）。再次倒入充足的水，沸腾后倒出汤汁。

2

加水煮

🌢🌢🌢🌢🌢 → 🌢🌢🌢🌢🌢 1小时

①中倒入5杯水。盖上锅盖，沸腾后转小火煮1小时，煮到赤豆用手指可以捏碎的程度。中途观察情况，如果水太少就再加1杯水。

▲及时撇掉浮沫

3

倒入白砂糖

🌢🌢🌢🌢🌢

②中倒入白砂糖拌匀，一边煮一边撇掉浮沫，沸腾后关火冷却。将汤汁和赤豆分开。汤汁倒入锅中，中火熬至一半。

4

熬赤豆

🌢🌢🌢🌢🌢 7~8分钟

汤汁变成一半后，重新倒入赤豆，大火熬7~8分钟。撒上食盐拌匀，分成平均的小份摆放平盘上冷却。

5

用豆沙馅包裹
糯米

将糯米揉成方便食用的大小。在手掌上摊平保鲜膜，抹上④，放上糯米团，用豆沙馅包裹糯米，调整形状。

材料（4人份）

牛肉（用于做牛排）
…………………3块（600g）
食盐……………⅓小匙
黑胡椒……………少许
大蒜…………………2瓣
小洋葱……………4个
甜椒………………½个
灰树花菌…1袋（80g）
黄油……………½大匙
食盐、胡椒粉…各少许
色拉油……………2小匙
A ┌酱油…………2大匙
  │料酒、酒
  └…………各1大匙
酸橙（切成两半）…1个
芥末泥……………适量

制作方法

❶牛肉在室温下放15分钟左右，撒上食盐和黑胡椒。大蒜切成薄片。

❷小洋葱切成两半。甜椒切滚刀块，灰树花菌撕成小株。

❸平底锅加热后溶化黄油，炒小洋葱，盖上锅盖小火烘烤4~5分钟。加入灰树花菌和甜椒，盖上锅盖小火烘烤4~5分钟，撒上食盐和胡椒粉，出锅。

❹平底锅洗净后，加热色拉油，大蒜炒至金黄色后取出。夹入牛肉，大火煎30秒，翻面继续煎30秒。重复两次。夹出牛肉，稍微冷却后切成方便食用的大小。将A倒入同一个平底锅中，煮开后制作酱汁。

❺③、④装盘，浇上酱汁。配上炒熟的大蒜、水芹、酸橙和芥末泥。

烹饪时间

30分钟

和风牛排

说到佳肴，首先想到的就是牛排。
请一定要买比平时优质的牛肉，享受那入口即化的酥软。
芥末和酱油的香味更是锦上添花。

涮牛肉

涮肉，突出食材原味的简单料理。
除了牛肉，涮猪肉也同样美味。
散发芝麻香味的手工酱汁更是妙不可言。

烹饪时间

20分钟

材料〔4人份〕

牛肉（涮肉用）…	600g
生菜………………	½个
菠菜………………	200g
胡萝卜……………	½根
萝卜………………	200g
大葱………………	2根
香菇………………	4朵
卤水豆腐…………	1块
金针菇……………	1袋

[芝麻酱汁]

芝麻酱 ……	3大匙
白砂糖 ……	1大匙
酱油 ………	5大匙
A 醋 ………	1大匙
蒜泥 ……	少许
香油 ……	½大匙
水………………	6杯
海带……………	8cm
酒………………	3大匙
橙醋……………	适量

制作方法

❶生菜撕成大片，菠菜切成5cm长。胡萝卜和萝卜用削皮器削成薄片。

❷大葱泡水后滤去水分。香菇切去菌柄头，切成两半。豆腐切成8等分。金针菇切去根部后分成小株。

❸芝麻酱加入白砂糖拌匀。

一边倒入酱油一边搅拌，再加入A拌匀。

❹将水、轻轻擦拭过的海带倒入锅中，中火炖煮。沸腾前夹出海带，加入酒煮开。

❺夹起牛肉、蔬菜等放入锅中加热，蘸着芝麻酱、橙醋食用。

材料（4~6人份）

米 ···················· 3合

[混合醋]

┌ 醋 ············ 4½大匙
│ 食盐 ········· 1½小匙
└ 白砂糖 ······· 1大匙

鲑鱼 ················· 100g
鸡蛋卷 ··········· 2个鸡蛋
鳗鱼（烤鱼串）······½片
鲷鱼 ················· 100g
金枪鱼（中肥）··· 100g
乌贼 ·················· 80g
黄瓜 ··················· 1根
山药 ················· 100g
紫苏叶··· 一束（10片）
咸梅 ················· 2粒
料酒 ················· 1小匙
烤海苔 ··············· 10片
生菜 ··················· 1株
甜虾、咸鲑鱼子··· 各80g
芥末、酱油、芝麻各适量

制作方法

❶米饭蒸熟后倒入碗中，浇上混合醋，稍微放一会儿。等米饭吸收醋以后，一边用扇子扇风，一边搅拌，使米饭冷却到与体温相当的温度。

❷鲑鱼、鸡蛋卷和鳗鱼切条。鲷鱼削成薄片，金枪鱼切成宽约1cm的块状，乌贼去皮后切丝。

❸黄瓜和山药切丝，山药撒上芝麻。紫苏叶切成两半。咸梅干轻轻拍打后浸泡在料酒中。海苔切成4等分。

❺①、②、③、生菜、甜虾和咸鲑鱼子装盘。食用时，在海苔上放上自己喜爱的食材。

手卷寿司

朋友或家人团聚时，推荐享用手卷寿司。
只要摆放寿司饭和配菜，饭桌顿时大放异彩。
挑选自己喜爱的配菜，卷起来食用，有助于活跃气氛。

烹饪时间

40分钟

鱼肉末鸡蛋卷

年节菜的固定料理，其特征是松软的口感和甘甜的味道。
制作的关键在于，用煎蛋器烤好后，马上卷起来调整形状。
当作便当的配菜也合适。

烹饪时间

30分钟

材料（用煎蛋器煎两次）

鱼肉山芋饼…1片（100g）

鸡蛋……………………4个

白砂糖…………………4大匙

料酒……………………2大匙

食盐……………………少许

淡酱油…………………½小匙

制作方法

①将切成一口食用大小的鱼肉山芋饼和其他材料倒入搅拌机内搅拌。

②煎蛋器加热后，涂上一层薄薄的色拉油，倒入一半①。转小火盖上锅盖，煎至表面凝固，翻面后用相同方法煎另一面。

③趁热将②放在鱼肉末鸡蛋卷专用的卷帘上，用菜刀在侧面轻轻划几刀，卷成"の"的形状。用皮筋固定卷帘，立起来冷却。

④冷却后从卷帘中取出鸡蛋卷，切成方便食用的大小。

栗子金团

鲜黄色的栗子金团是广受各个年龄层欢迎的日式点心。
由白薯仔细过滤后熬制而成，
只有手工制作才能品尝的简单美味。

烹饪时间

35分钟

材料（容易制作的分量）

白薯（剥去一层厚皮）
…………………… 200g
栀子果…………………… 1个
白砂糖………………… 100g
水………………………… 1杯
料酒…………………… 1大匙
栗子（甘露煮）…… 8个
食盐…………………… 少许

制作方法

❶白薯切成一口食用的大小，浸泡在水中。栀子果掰成两半，放入茶包中。

❷锅中倒入大量的水，将①放入锅中，盖上锅盖炖煮。沸腾后转小火，煮至白薯变软。

❸取出栀子果，②倒入笊篱中，滤去水分。加入1/3的白砂糖拌匀，趁热用过滤器（笊篱）过滤。

❹锅中倒入水、剩余的白砂糖和料酒拌匀，煮开。放入③，开中火，用木锅铲搅拌白薯，熬成糊状。

❺④中加入栗子和食盐，继续熬煮拌匀。

材料（容易制作的分量）

黑豆⋯⋯⋯⋯⋯ 300g

A ┌ 白砂糖 ⋯⋯⋯ 250g
　 │ 酱油 ⋯⋯⋯ 1½大匙
　 │ 食盐 ⋯⋯⋯ ½小匙
　 └ 水 ⋯⋯⋯⋯ 8杯

制作方法

① 黑豆筛去带虫眼的颗粒后洗净。将A倒入锅中煮开，白砂糖溶化后关火。加入黑豆盖上锅盖，浸泡一个晚上。

② 开大火煮①，沸腾后捞去浮沫，转小火。把厨房纸制成锅盖，盖上后小火焖煮5~6小时。频繁观察情况，如果水减少，继续加水（合计2杯左右）。

③ 黑豆煮至手指可以捏碎的程度时，关火放置一个晚上。

④ 将③的一半汤汁倒入小一点的锅中，煮成一半。

⑤ 再将④倒入③中，盖上纸锅盖腌制。

黑豆

烹饪时间

8 小时

花2~3天细煮慢炖而成的黑豆，是正月必不可少的料理之一。
制作过程虽费心劳力，但饱满的形状、醇厚的味道别具一格。
请一定要尝试制作。

材料（4人份）

鸡腿肉……………… 2片
白菜……………… 6片
大葱……………… 2根
香菇……………… 4朵
金针菇……………… 1袋
野油菜……………… 200g
卤水豆腐…………… 1块
魔芋丝……1袋（250g）
海带……………… 8cm
水……………… 6杯
酒……………… 2大匙
橙醋……………… 适量

制作方法

① 鸡肉切成一口食用的大小，白菜切成大条，大葱斜切。香菇切去菌柄头后切成两半，金针菇切去根部后分成小株。

② 野油菜切成5cm长，豆腐切成均匀的块状。魔芋丝焯水后切成便于食用的长度。

③ 锅中倒入海带和水一起煮，沸腾前夹出海带，加入酒。再加入鸡肉和其他食材炖煮。蘸着橙醋食用。

烹饪时间

20分钟

清炖雏鸡

鸡肉和蔬菜炖煮的清炖雏鸡，既暖身又美味。可以同时吃多种蔬菜，保证营养均衡。蘸着橙醋食用，清新爽口。

什锦火锅

加入自己喜欢的食材，大家围着热热闹闹吃火锅。
如果一次性加入的食材过多，很容易煮过头，
所以，好吃的秘诀在于，边观察边少量加入配菜。

烹饪时间

30分钟

材料（4人份）

鸡腿肉	…………………	1片
生鳕鱼	…………………	3块
食盐	…………………	少许
虾	…………………	4条
蛤蜊	…………………	4个
茼蒿	…………………	200g
白菜	…………………	6片
大葱	…………………	2根
胡萝卜	… 1/3根（40g）	
卤水豆腐	…………………	1块
香菇	…………………	4朵
魔芋丝	…1袋（250g）	

A

高汤	…………	6杯
料酒	…………	3大匙
食盐	…………	1小匙
酱油	…………	2大匙

制作方法

❶ 鸡肉切成一口食用的大小，鳕鱼切成一口食用的大小，撒上食盐，浇热水。虾挑去背肠，将蛤蜊贝壳洗净。茼蒿摘去叶子。

❷ 白菜切成大长条，大葱斜切，胡萝卜切成长条，豆腐切成8等分。

❸ 香菇切去菌柄头，在菌伞上刻花。魔芋丝焯水后，切成便于食用的长度。

❹ 将A倒入锅中拌匀，加入煮熟的鸡肉、蛤蜊和❷、❸一起煮。中途加入鳕鱼、虾和茼蒿，继续炖煮。

基本菜单

 蒸鸡蛋羹

 鸡蛋卷
~关东风味·关西风味~

 金平牛蒡

 煮南瓜

 酒蒸蛤蜊

 冬瓜虾仁
盖浇菜

 青煮款冬

 萝卜干

 醋拌凉菜

其他

 牛肉时雨煮

 炒羊栖菜

 肉松炖南瓜

 灯笼椒炒
小鳀鱼干

 炒扇贝

 和风沙拉

 香油拌菠菜

 醋凉拌

 羊栖菜拌
咸鳕鱼子

 揉腌卷心菜

 什锦豆

 甜煮红薯

 炖茄子

 酱拌萝卜

 冬葱凉拌金枪鱼

 白芝麻拌蔬菜

 花椒嫩叶
拌竹笋

 甜醋腌生姜和
襄荷

 芥末拌小松菜

 拌滑子菇泥

第3章

日常配菜

多为蔬菜料理的日常配菜，
正是健康日餐的魅力所在。
轻松搭配主菜，
同时还可当作小吃或下酒菜。
大多是短时间即可完成的菜谱，
想要加菜时，请一定要尝试做一道。

蒸鸡蛋羹

入口即化的口感，美味在舌尖蔓延。
事先过滤鸡蛋液，口感会更绵密。
没有蒸蛋器，用自家的锅也可以简单制作。

烹饪时间
30分钟

记忆中别人给我
做过的一道菜
第**2**名

最想做给别人
的一道菜
第**4**名

材料（2人份）

鸡蛋	2个	酱油	¼小匙
香菇	1朵	高汤	1½杯
鸭儿芹	2根	A 料酒	1小匙
鸡脯肉	1片（50g）	A 食盐	⅓小匙
酒	½小匙	A 酱油	¼小匙

☑ 解说

不需要蒸蛋器的简单"地狱蒸蛋"

不用蒸蛋器或者蒸笼，直接把容器放入热水中蒸的方法，叫做"地狱蒸"。锅中倒入高约1/3至一半的热水，沸腾后把容器放入锅中，盖上锅盖蒸。如果做2人份，建议使用简单的地狱蒸。

准备工作

香菇切去菌柄，切成薄片，鸭儿芹切成3cm长

鸡肉挑去筋后削薄片，加入酒、酱油拌匀

锅中倒入高汤加热，倒入A调匀后冷却

单柄锅

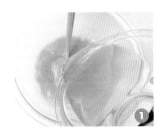

1 鸡蛋和高汤拌匀

在碗中打好鸡蛋，加入冷却的高汤调匀，制作鸡蛋液。

2 将配菜和鸡蛋液倒入碗中

将鸡肉放入碗中，再倒入①，放上香菇。

3 蒸

3分 → 12分钟~13分钟

锅中倒入热水，高低约在锅的1/3处，放入②。用抹布包裹锅盖，盖上锅盖，开大火蒸3分钟左右，直到鸡蛋液表面变成白色，再转小火继续蒸12~13分钟。

4 撒上鸭儿芹

晃动碗，如果鸡蛋液表面凝固，即可出锅。取出碗，用鸭儿芹点缀。

▲完成时的参考图片

鸡蛋卷
~关东风味~

松软甘甜的鸡蛋卷，是人人喜欢的鸡蛋料理。
除了出现在饭桌上，也常常作为便当的配菜。
制作的秘诀在于，大火快速煎烤。

烹饪时间

20分钟

最想做给别人
的一道菜

第**3**名

材料（2~3人份）

鸡蛋·················· 4个

A
高汤 ·········· 3大匙
白砂糖 ····· 1½大匙
食盐 ·········· ⅓小匙
酒 ·············· 1小匙
酱油 ·········· ⅓小匙

色拉油·············· 适量
萝卜泥·············· 60g
紫苏叶·············· 2片

关西风味鸡蛋卷

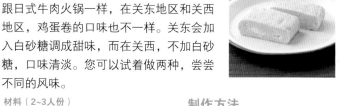

跟日式牛肉火锅一样，在关东地区和关西
地区，鸡蛋卷的口味也不一样。关东会加
入白砂糖调成甜味，而在关西，不加白砂
糖，口味清淡。您可以试着做两种，尝尝
不同的风味。

材料（2~3人份）

鸡蛋·················· 4个

A
高汤 ············· 4大匙
食盐 ············· ⅛小匙
酱油 ············· ⅓小匙
料酒 ············· 1大匙

色拉油··················适量

制作方法

①在碗里打好鸡蛋，将A拌
匀。

②根据右侧页面的要点，采
用关东风味的方法制作。

准备工作

在碗里打好鸡蛋，加入调匀的A，继续搅拌

☑解说

可以使用锅铲代替长筷子

建议不会用长筷子煎蛋的人最好使用锅铲。鸡蛋液开始凝固时，插入锅铲轻轻向上挑起，向后方卷。这样一来，鸡蛋不会变碎，而且非常简单。

煎蛋器

1 在煎蛋器上涂上一层色拉油

鸡蛋器加热，用厨房纸在煎蛋器上涂上一层薄薄的色拉油。可以使用平底锅代替煎蛋器。

2 倒入鸡蛋液

💧💧💧💧💧

用勺子等工具倒入¼鸡蛋液。均匀铺满整个锅底，凝固到半熟的状态后，向后卷。一直保持大火状态，快速卷好。

3 涂上油后加入鸡蛋液

💧💧💧💧

将②推到煎蛋器的一端，用厨房用纸在空余的锅底上涂上一层油。倒入1/4鸡蛋液，稍微夹起前侧的鸡蛋卷，让鸡蛋液铺满整个锅底。

4 向后卷，调整形状

💧💧💧💧💧

凝固到半熟状态后，向后卷，重复2~3次②和③的步骤。煎好后取出冷却，切成便于食用的大小。如果形状不太美观，可以趁热用卷帘卷好，调整形状后再冷却。配上萝卜泥和紫苏叶。

金平牛蒡

爽脆的口感和浓厚的味道十分下饭。
牛蒡不要切得过细，保留本身的嚼劲，还有助于饱腹。

烹饪时间

20分钟

材料（2人份）

牛蒡…………………… 100g
胡萝卜………………… 30g
红辣椒………………… 1/2根
香油…………………… 1½小匙

A
┌ 白砂糖 …… 2½小匙
│ 酒 …………… 2小匙
│ 酱油 ………… 2小匙
└ 食盐 ………… 少许

☑解说

嚼劲十足的牛蒡是食物纤维的宝库

据说，牛蒡多在日本和台湾食用，可以说是日本特有的一种蔬菜。因为含有丰富的食物纤维，所以具有改善便秘和调节肠内环境的功效。牛蒡切开后容易变色，所以需要浸泡在水里。不过长时间泡水容易失去鲜味，最好稍微泡水后立即制作。

准备工作

牛蒡切成4cm长的细丝，泡水后滤去水分

胡萝卜切成4cm的细丝，红辣椒取籽后切成圆片

平底锅

1 炒牛蒡

💧💧💧💧💧 2分钟

平底锅加热后，涂上香油炒牛蒡。中火炒2分钟。

2 炒胡萝卜和红辣椒

💧💧💧💧💧 3分钟

①中加入胡萝卜和红辣椒，继续炒3分钟。

3 加入调味料

暂时关火，将A拌匀后倒入锅中。如果一直开着火，调味料容易烧焦，因此请在关火后再加入。

4 收汁

💧💧💧💧💧 2分钟

再次开中火，继续炒2分钟左右收汁。

▲炒至收汁

煮南瓜

简单调味的煮南瓜。南瓜的香甜味道，让人觉得舒适。小火炖煮，以免南瓜煮焦。

烹饪时间

30分钟

材料（2人份）

南瓜……………… 200g

高汤………………½杯

白砂糖………… 1小匙

食盐………………¼小匙

酱油……………… ½小匙

料酒……………… 2小匙

解说

南瓜具有预防感冒和惊人的美容功效

南瓜富含维生素C、E和维生素A（β胡萝卜素），营养价值也很高。这些营养素具有抗酸化作用，还有美容和预防癌症等功效。而且，维生素A有提高免疫力和预防感冒的作用，所以可以从冬至开始吃南瓜，为过冬做准备。此外，南瓜的维生素C即使加热也不会被破坏，所以是煮菜的绝佳食材。

准备工作

用汤匙刮去南瓜籽　　　切成一口食用的大小

单柄锅

1 加入调味料

锅中加入高汤、白砂糖、食盐、酱油和料酒。

2 摆放南瓜

将南瓜皮朝下，摆放在①中，盖上锅盖开大火炖煮。南瓜皮比较硬，很难熟透，所以煮的时候必须将皮朝下。

3 小火炖煮

调味料沸腾后，转小火煮15~20分钟。用竹签插入南瓜中，如果可以轻松插进去，就可以出锅了。

🌢🌢🌢🌢🌢 → 🌢🌢🌢🌢🌢
15~20分钟

▲ 完成时的参考图片

要点 难点在于，南瓜的皮很硬。切南瓜时，将重心放在菜刀上，不过注意不要切到手指。如果实在切不动，用微波炉加热1~2分钟，直到南瓜皮变软，就容易切开了。不过，要注意不要过度加热。

酒蒸蛤蜊

想要品尝蛤蜊饱满的肉质和独特的美味，最好用酒蒸。
咸香恰到好处，既下饭又下酒，而且很快就能完成。

烹饪时间

10分钟

材料（2人份）

蛤蜊（带壳）…… 300g

生姜………………½片

小葱………………2根

酒…………………1大匙

酱油………………1小匙

☑**解说**

烹饪蛤蜊前
注意要彻底洗净

蛤蜊内隐藏着许多沙子，如果直接用来做菜，沙子会
影响口感。所以最好将蛤蜊浸泡在盐水（3%的浓度，
与海水相同。1L水兑30g盐的比例）中，放在阴暗处，
用铝箔或报纸盖好后，放置2~3小时。

准备工作

生姜切丝，小葱切碎　　蛤蜊洗净沙子后，用手搓洗

平底锅

1 蛤蜊和酒过火

🌢🌢🌢🌢🌢 3分钟

将蛤蜊、酒、生姜倒入平底锅中，盖上锅盖后过火。

2 倒入酱油

大约加热3分钟后，蛤蜊开口，倒入酱油拌匀。

3 撒上小葱

将②装盘，撒上小葱。

 要点

有些蛤蜊在过火前就开口，或者即使过火也不会开口，这些蛤蜊已经不新鲜了，所以发现后最好扔掉。严重的贝壳食物中毒事件不少，所以不管是市面上购买的还是自己捕获的蛤蜊，都要检查清楚。

冬瓜虾仁盖浇菜

冬瓜味道清淡，最好做成带汤汁的煮菜或者盖浇菜。
浓稠的虾仁淀粉馅与冬瓜的搭配堪称一绝。

烹饪时间

35分钟

材料（2人份）

冬瓜……………	300g
虾………………	4条
生姜汁…………	⅓小匙
高汤……………	1½杯
料酒……………	2大匙
食盐……………	⅔小匙
酱油……………	⅓小匙
土豆淀粉………	1大匙
水………………	2大匙

☑解说

虽然名叫冬瓜，但其实有助于消肿和预防夏乏的夏季蔬菜

虽然名字叫冬瓜，其实是7~9月份的夏季时令蔬菜。关于名字的由来，据说冬瓜成熟了皮会变硬，因而可以保存到冬季。冬瓜的成分几乎全部是水，具有利尿的功效，因此有助于消肿和预防夏乏。切开后多余的冬瓜用保鲜膜裹好，可放在冷藏的蔬菜区保鲜。

准备工作

| 用削皮器削去冬瓜外皮 | 削皮后切成一口食用的大小，去籽 | 虾挑去背肠，剥壳后切碎与生姜汁调匀 |

▲完成时的参考图片

单柄锅

1 煮冬瓜

 → 🌢🌢🌢🌢🌢 10分钟

锅中倒入高汤和冬瓜，盖上锅盖炖煮。沸腾后转小火，继续煮10分钟。

2 加入料酒

🌢🌢🌢🌢🌢 10分钟

①中加入料酒，继续小火煮10分钟。

3 加入虾仁

🌢🌢🌢🌢🌢 5分钟

②中加入食盐和酱油，在单柄锅的空处倒入虾仁，煮5分钟。

4 土豆淀粉勾芡

🌢🌢🌢🌢🌢

开中火，加入用水溶化的土豆淀粉。整体勾芡后，用木锅铲搅拌均匀后继续加热，沸腾后关火。

青煮款冬

原产自日本的款冬，青煮后绿色更加显眼，让人感受到春天的气息。
如果煮得太久，口感会变差，因此最好放在平盘中冷却，同时入味。

烹饪时间

20分钟

材料（2人份）

款冬	⋯⋯⋯⋯⋯	100g
食盐	⋯⋯⋯⋯⋯	1小匙

	高汤	⋯⋯⋯⋯	¾杯
	白砂糖	⋯⋯⋯	2小匙
A	食盐	⋯⋯⋯⋯	⅓小匙
	酱油	⋯⋯⋯⋯	2~3滴
	酒	⋯⋯⋯⋯⋯	2小匙

☑解说

从以前吃到现在的款冬，
是日本特有的食材

款冬是原产自日本的为数不多的蔬菜。自古栽培至
今，多生长于各个地区的山野之间。其特征是特殊的
苦味和爽脆的口感，适合做煮菜、凉拌菜和炒菜。品
种多样，常见的有"爱知早生"和"水款冬"。

准备工作

款冬切成能够入锅的长度。摆放在砧板上，撒上食盐，用手来回滚动

锅中的热水煮开后，将沾盐的款冬下锅煮3分钟左右，变软后取出，浸泡在冷水中冷却

剥去茎部的一端，再从较细的部分去皮，继续泡水

单柄锅

1 煮调味料

将A倒入锅中，煮开。

🌢🌢🌢🌢

2 切款冬

款冬滤去水分后，统一切成4cm长

3 煮款冬

将②加入①中，煮开后关火。

🌢🌢🌢🌢

4 放在平盘中冷却

将款冬倒入平盘中，浇上汤汁，冷却后装盘。

要点 款冬涩味很重，需要去除涩味后再开始料理。记住煮熟后立即泡水，去皮后继续泡水。如果有剩余，可以将泡在水中的款冬直接放入冰箱冷藏，每天换水可以保鲜2~3天。

萝卜干

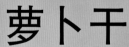

萝卜干，具有和生萝卜完全不同的口感和美味。
爽脆的嚼劲和甘甜的味道是绝妙的下酒菜。
而且，营养价值也非常高。

烹饪时间
45分钟

材料（2人份）

萝卜条……………… 30g

胡萝卜……………… 30g

炸胡萝卜鱼肉饼…… 1块

色拉油………………½大匙

A
┌ 高汤…………… 1杯
│ 酒……………… 1大匙
│ 白砂糖……… 2小匙
└ 酱油……… 1½大匙

☑解说

蔬菜干比生蔬菜
更加美味和营养

通过日晒晾干，蔬菜干里浓缩了食材的美味和营养。比如说萝卜干，其维生素B1、B2是生萝卜的10倍，铁是生萝卜的32倍，营养极其丰富！而且，可以品尝与生萝卜完全不同的风味和口感，可谓是一箭双雕的食材。

准备工作

碗中盛满水，将萝卜条放入碗中洗净

换水后，在水中浸泡20分钟。萝卜干泡开后，挤去水分，切成便于食用的长度

胡萝卜切成粗条，炸胡萝卜鱼肉饼浇热水去油后，切成薄条状

单柄锅

1 炒萝卜条和胡萝卜

🌢🌢🌢🌢🌢

锅加热后涂上一层色拉油，中火炒萝卜条和胡萝卜。

2 加入炸胡萝卜鱼肉饼和调味料

🌢🌢🌢🌢🌢

将炸胡萝卜鱼肉饼和A倒入锅中，拌匀后盖上锅盖。

3 小火煮

🌢🌢🌢🌢🌢 → 🌢🌢🌢🌢🌢
15~20分钟

②沸腾后，转小火继续煮15~20分钟。

▲完成时的参考图片

要点 萝卜条、羊栖菜等干货本身出汤，而且是耐于保存的简便食材。常备干货便于随时使用。泡开的方法基本上是洗净后泡水，裙带菜需要泡5~10分钟，萝卜条10~20分钟，羊栖菜和香菇20~30分钟左右。

醋拌凉菜

吃过油腻的料理后，最适合用醋拌凉菜清口。
即使没有食欲，醋的酸爽也能助你下饭。
水分多会让味道变淡，
最好彻底滤净水分。

烹饪时间

15 分钟

材料（2人份）

黄瓜……… 1根（90g）

食盐……………⅓小匙

裙带菜（泡开）…… 40g

生姜（薄片）……… 2片

煮鱿鱼……………… 60g

A
┌ 醋 …………… 2大匙
│ 白砂糖 ……… 1大匙
│ 食盐 …………⅛小匙
└ 酱油 ………… 2~3滴

 解说

醋不仅能帮助食物保鲜
还对健康有益

醋有杀菌作用，自古以来有助于食物保鲜。而且，形成酸味的柠檬酸和醋酸有助于促进食欲和消化吸收，是健康功效极高的调味料。醋的种类很多，有米醋、谷物醋和黑醋等。不同料理使用不同种类的醋。

准备工作

黄瓜切成一口食用的大小，撒盐调匀后，使之变软

裙带菜焯热水后，浸泡在水中

生姜切丝，煮鱿鱼削片

1 挤黄瓜

黄瓜变软后，用力挤去水分。

2 切裙带菜

裙带菜切成一口食用的大小，挤去水分。

3 调制调味料

碗中加入①、②和生姜、鱿鱼，倒入A轻轻拌匀。

轻轻搅拌

要点 因为黄瓜90%以上由水组成，所以撒盐使其变软时会出水。而且，裙带菜需要用水泡开，所以带有很多水，整道菜的味道容易变淡。为了防止以上现象，关键在于彻底滤去水分。双手用力挤出多余的水分，让整道菜变得更加美味。

牛肉时雨煮

时雨煮是加入生姜佃煮的一种。甜辣煮牛肉和牛蒡，可以下饭，可以当作便当的配菜，或者常备菜。

材料（2人份）

牛肉（切条）……	100g
生姜……………	½片
牛蒡……………	30g
A ┌ 酒 …………	2大匙
┤ 白砂糖 ……	2小匙
└ 酱油 ………	2小匙

制作方法

❶牛蒡切成薄片浸泡在水中，滤去水分。

❷牛肉切成一口食用的大小，生姜切成粗丝。

❸将①、②倒入锅中，加入A开中火。调匀后煮10分钟左右。

要点

时雨煮用冰箱可以保鲜1星期左右，多做一些作为常备菜，非常便利。冷冻可以保存更长时间，用微波炉解冻或自然解冻即可。

材料（2人份）

鸡肉糜·················50g

A
┌ 酱油 ···········½小匙
│ 料酒 ···········½小匙
└ 生姜汁 ·········¼小匙

南瓜······ ⅛个（250g）

B
┌ 高汤 ············¾杯
│ 酒 ·············1大匙
│ 白砂糖 ·······½大匙
│ 酱油 ···········½大匙
└ 食盐 ·········少许

土豆淀粉···········2小匙

水················4小匙

生姜················适量

制作方法

❶将肉糜和A倒入碗中，搅拌至黏稠。

❷南瓜切成一口食用的大小。将南瓜和B倒入锅中，盖上锅盖加热。沸腾后小火煮15分钟左右，直到南瓜变软后出锅。

❸将①倒入锅中的汤汁中，小火煮开。沸腾后加入用水溶化的土豆淀粉，拌匀后勾芡，再次沸腾。

❹南瓜装盘，浇上③。配上生姜丝。

烹饪时间

30分钟

肉松炖南瓜

绵软的南瓜和黏稠的肉松勾芡
完美搭配的煮菜。南瓜的香甜
吸收了勾芡的鲜美，让你根本停不下筷子。

材料（2人份）

蒸扇贝·············· 100g
酸梅干·············· 1粒

A ┌ 酒 ··············· 2大匙
  │ 料酒 ············ ½大匙
  └ 酱油 ············ ½小匙

食盐·············· 少许

制作方法

① 蒸扇贝去除鳃部（茶色部分）后切成两半，用菜刀仔细拍打。
② 锅中热水沸腾后，倒入扇贝，焯水后倒入笊篱中。
③ 将①、②和A倒入锅中，开中火搅拌，收汁。
④ 撒上食盐调味，装盘。

要点

市场上销售的扇贝多为养殖。虽然现在一年四季都能买到，但是产卵期前的冬~春季节最美味。富含美味的主要成分丁二酸，不管是生吃还是煮菜，都特别好吃。

炒扇贝

烹饪时间

15分钟

用酸梅干的酸味提出扇贝的香醇鲜美。
味道清爽，是绝佳的下酒小菜。

料理时间

15分钟

香油拌菠菜

适合搭配所有料理的万能配菜。
芝麻风味满口留香，就连不爱吃
蔬菜的孩子也爱不释手。

材料（2人份）

菠菜……………… 150g
酱油……………… ½小匙

A ┌ 研碎的芝麻…1大匙
　│ 白砂糖 …… 1小匙
　└ 酱油 ……… 1小匙

制作方法

❶菠菜切去根部，在根茎处划上划痕后，用流水洗净。

❷锅中倒入充足的热水，将一半菠菜根部向下放入锅中焯。分两次焯水。再浸泡在水中冷却，切成3cm长。

❸②中倒入酱油拌匀，滤去水分。加入A拌匀，装盘。

羊栖菜拌
咸鳕鱼子

外观和口感极像海藻的羊栖菜，
是一种富含钙质的蔬菜。凉拌咸鳕鱼子，
品尝爽脆和有弹性的口感。

材料（2人份）

羊栖菜
……… 1袋（100g）

酱油………… 1小匙
咸鳕鱼子……… 30g
香油………… 1小匙

制作方法

❶羊栖菜切去坚硬的茎部。等锅中热水沸腾后，羊栖菜焯水倒入冷水中冷却，滤去水分。

❷①切成便于食用的长度，倒入酱油拌匀。

❸咸鲑鱼子剥去薄皮，加入香油拌开。加入滤去汤汁的②，轻轻搅拌后装盘。

調理時間

15分

113

材料〔2人份×2次〕

材料	用量
黄豆（煮熟）……	100g
魔芋……………	80g
胡萝卜…………	30g
牛蒡……………	30g
干香菇…………	1朵
海带……………	4cm

A
- 高汤 …………½杯
- 酒 …………1大匙
- 白砂糖 ………1大匙
- 酱油 …………1大匙
- 食盐 …………少许

制作方法

❶魔芋切成边长1cm的方块，煮熟。胡萝卜和牛蒡切成边长1cm的方块，牛蒡泡水后滤去水分。

❷干香菇用水泡开后，切去菌柄，切成方块。海带擦拭后用厨房剪刀剪成8mm的方块。

❸将A、大豆、①和②倒入锅中，盖上锅盖加热。沸腾后转小火继续煮20分钟。

什锦豆

营养丰富的什锦豆，
是每天吃都不会厌烦的
经典配菜。
将食材切成相同大小，
同时加热即可。

烹饪时间

30分钟

材料（2人份）

茄子·····················3个

A
┌ 高汤 ·······1杯
│ 酒 ·········1大匙
│ 白砂糖 ·······½大匙
└ 酱油 ·········1大匙

襄荷·····················1瓣

生姜·····················½片

制作方法

❶茄子切去菜蒂后，纵向切成两半。在茄子皮上斜切出切痕。倒入水中泡2分钟左右后，滤去水分。

❷锅中倒入A煮开，将茄子皮朝下放入锅中，大火炖煮。沸腾后盖上锅盖，小火煮5分钟。茄子翻面，继续煮5分钟。再翻面，茄子皮朝下煮5分钟，冷却。

❸襄荷纵向切成薄片，生姜磨成泥。

❹将②装盘，配上③。

第 3 章

日常配菜

炖茄子

 烹饪时间

 20分钟

充分吸收汤汁的炖茄子，冷却后又是一道极品。
茄子煮后皮会变黑，不过继续泡在汤中可以再次恢复光泽。

115

材料〔2人份〕

金枪鱼（生鱼片） 100g

冬葱……………… 100g

A ┌ 味噌………… 1大匙
  │ 白砂糖……… 2小匙
  └ 酒………… 1小匙

B ┌ 醋………… ½大匙
  └ 芥末泥……… ⅓小匙

醋………………… 1小匙

食盐…………… 少许

制作方法

❶冬葱去掉叶子和根部，切成两半。锅中热水沸腾后，从根部放入热水中，再倒入叶子煮1分钟左右。

❷①倒入笊篱中冷却，叶子用刀背轻轻拍打，切成3cm长。根部直接切成3cm长。

❸将A倒入耐热容器中拌匀，不用裹保鲜膜，直接放入微波炉加热30秒。加入B拌匀。

❹金枪鱼切成1.5cm的方块，加入②、醋和食盐拌匀。装盘，浇上③。

冬葱凉拌金枪鱼

芥末凉拌，是自古流传至今的传统料理方法。
用芥末醋味噌凉拌软滑的金枪鱼和冬葱。

烹饪时间

20分钟

烹饪时间
20分钟

花椒嫩叶拌竹笋

爽脆的竹笋适合调成甜味。

材料（2人份）

竹笋（煮熟）…	150g	B	西京味噌……50g	
			白砂糖 … ½大匙	
A	汤汁 ……… ½杯		高汤 … ½大匙	
	料酒 …… 2小匙	花椒嫩芽…… 10片		
	酱油 …… ½小匙	花椒嫩芽（用于装饰）		
	食盐 …… 少许	……………………1片		

制作方法

① 竹笋切块。将A倒入锅中煮开，倒入竹笋盖上锅盖。沸腾后转小火继续煮10分钟，关火冷却。

② 将B倒入耐热容器中拌匀，不用裹保鲜膜，直接放入微波炉加热30秒，拌匀。

③ 用研钵研碎花椒嫩芽，加入②继续研磨。

④ 将①倒入③中，用饭勺轻轻搅拌均匀。

芥末拌小松菜

小松菜搭配调味料的简单菜谱。
芥末泥有点辣，是下酒的好菜。

材料（2人份）

小松菜………	150g	酱油………	1½小匙
芥末泥……	⅛小匙	干鲣鱼…¼袋（0.5g）	
醋……………	⅓小匙		

制作方法

① 小松菜切去根部，在底部划上划痕。锅中热水沸腾后，根部向下放入锅中煮。泡水冷却，滤去水分后切成3cm长。

② 芥末泥用醋化开，加入酱油拌匀。

③ ①、②倒入碗中拌匀。加入干鲣鱼轻轻搅拌，装盘。

烹饪时间
15分钟

炒羊栖菜

炒羊栖菜是使用干货的代表性配菜。
不仅制作简单，而且富含钙和铁，
是常用的食材。

材料（2人份）

羊栖菜（干燥）……20g

干香菇……………1朵

胡萝卜……………20g

油炸豆腐…………½块

色拉油……………½大匙

A ┌ 高汤……………¾杯
　├ 白砂糖…………1大匙
　├ 酒………………1大匙
　└ 酱油……………1½大匙

制作方法

①羊栖菜用水洗净，在水中浸泡30分钟左右，滤去水分。

②干香菇用水泡开后，切去菌柄，切成薄片。胡萝卜切成3cm的粗条。油炸豆腐浇热水去油，横向切成两半后切丝。

③锅中倒入色拉油加热，倒入胡萝卜。再加入羊栖菜和香菇炒熟。

④③中加入油炸豆腐和A，盖上锅盖。沸腾后转小火继续煮20分钟左右。

材料（2人份）

灯笼椒…………… 100g
小鳀鱼干………… 2大匙
香油…………… 2小匙

A {
高汤…………… ¼杯
料酒………… 1小匙
酱油………… 1小匙
白砂糖……… ½小匙
}

制作方法

❶灯笼椒稍微切掉点菜蒂。小鳀鱼干浇热水，滤去水分。

❷锅中倒入香油加热，加入小鳀鱼干和灯笼椒炒熟。

❸整锅沾上香油，灯笼椒颜色变鲜艳后，加入A。开中火拌匀，收汁。

要点 小鳀鱼干是将日本鳀等鱼苗放入盐水中煮熟炒干制成的。不仅富含钙质，还富含有助于钙质吸收的维生素D，有强健骨骼、预防骨质疏松的功效。

烹饪时间

15分钟

灯笼椒炒小鳀鱼干

灯笼椒恰到好处的辣味，搭配小鳀鱼干的鲜甜。
炒菜时滴入香油，风味更佳。作为下酒菜也很美味。

材料（2人份）

萝卜……………… 100g
野油菜…………… 50g
油炸豆腐………… ½块

A
├ 酱油………… 2小匙
│ 醋…………… 1小匙
│ 食盐、胡椒粉各少许
│ 色拉油……… 1小匙
└ 香油………… 1小匙

烤海苔…………… ¼片

制作方法

❶萝卜切成3cm的细丝，野油菜切成3cm长。油炸豆腐两面稍微煎过后，横向切成两半后切丝。

❷A拌匀，制作调味料。

❸将①倒入碗中，拌匀后装盘。浇上②，撒上揉碎的烤海苔。

Point 野油菜的魅力不仅在于平淡的味道加上爽脆的口感，因为有消除肉或鱼的腥味，除了用作沙拉，还适合搭配火锅。挑选野油菜时，最好选择菜叶鲜绿挺拔，没有枯黄叶子的。

和风沙拉

烹饪时间

15分钟

爽脆的萝卜和野油菜，
搭配油炸豆腐和烤海苔的鲜味。
和风调味，清爽美味。

烹饪时间

15分钟

醋凉拌

红白色彩的搭配十分喜庆，是庆祝宴席上的固定菜式。制作简单，想要加菜时轻松完成。

材料（2人份）

萝卜	150g	醋	1大匙
胡萝卜	10g	A 白砂糖	½大匙
食盐	¼小匙	食盐	⅙小匙
生姜（切片）	1片		

制作方法

❶萝卜和胡萝卜切成3cm长的细丝，撒上食盐拌匀。腌制5分钟，等到变软后滤去水分。

❷生姜切丝，与A拌匀。

❸将①倒入②中，轻轻搅拌后装盘。

揉腌卷心菜

烹饪时间

20分钟

如果吃厌了沙拉，建议尝试一下揉腌卷心菜。松软的口感和紫苏叶的清香，非常刺激食欲。

材料（2人份）

卷心菜	2片（120g）	食盐	¼小匙
紫苏叶	2片	炒芝麻	½小匙

制作方法

❶卷心菜切成一口食用的大小，紫苏叶用手撕碎。

❷将①倒入塑料袋中，撒入食盐用手揉捏。释放袋中的空气后封口，腌制10分钟左右。

❸将②从袋中取出，滤去水分，与炒芝麻拌匀后装盘。

烹饪时间

30分钟

甜煮红薯

让人放心的甜煮红薯，是一道不错的甜点。
利用红薯本身的甘甜，汤汁较少也同样美味。

材料（2人份）

红薯……………… 200g

A
水……………… ½杯
白砂糖……… ½大匙
料酒………… 1大匙
淡酱油……… 1小匙

炒芝麻（黑）…… 少许

制作方法

❶红薯带皮切成圆片，泡水后滤去水分。

❷将①和A倒入锅中，盖上锅盖加热。沸腾后转小火，炖煮20分钟左右，直到红薯变软。

❸将②装盘，撒上黑芝麻。

要点

红薯中富含女性喜爱的营养元素，特别是丰富的食物纤维和维生素C，具有美容和调理肠道的功效。而且，切红薯时流出的白色液体，其主要成分是紫茉莉苷，有助于肠道运动，帮助解决便秘。

材料（2人份）

萝卜……………… 500g

海带……………… 8cm

A ┌ 黄酱味噌…… 4大匙
 │ 酒………………… 2大匙
 └ 白砂糖………… 2大匙

芥末泥…………… 少许

*制作2个1人份

制作方法

① 萝卜切成4等分，削去棱角，划上几刀划痕（暗刀）。

② 锅中倒入淘米水，加入①，煮至竹签轻松插入的程度，出锅洗净。

③ 海带铺在锅底，摆上②，倒入充足的水，开大火炖煮。沸腾后转小火继续煮10分钟左右。

④ 将A倒入小锅中拌匀，开中火熬煮。

⑤ 将滤去汤汁的③摆在盘中，浇上④。配上用水化开的芥末泥。

烹饪时间
40分钟

酱拌萝卜

常出现于怀石料理和斋菜中，是日式料理中具有代表性的一道菜。
仔细削去棱角，用淘米水炖煮，使萝卜的外观变得更加白皙。

材料（2人份）

卤水豆腐············ 150g

魔芋················· 50g

胡萝卜··············· 50g

A ⎡ 高汤·············· ¼杯
  │ 白砂糖··········· ⅔小匙
  │ 酱油············· ½小匙
  ⎣ 食盐············· 少许

B ⎡ 白砂糖··········· ½大匙
  │ 食盐············· ¼小匙
  │ 酱油············· ¼小匙
  ⎣ 研碎的芝麻··· 2小匙

茼蒿················ 60g

制作方法

❶魔芋切成长条，用食盐揉过后洗净。胡萝卜切成长条。

❷锅中倒入①和A加热。沸腾后转小火，煮7~8分钟关火冷却。

❸豆腐用厨房纸吸去水分（挤出的汁水变白时停止）。用滤器（笊篱）研磨豆腐，加入B拌匀。

❹茼蒿焯水后切成2cm长，倒入③中。

❺将滤去汤汁的②加入④中，轻轻搅拌后装盘。

白芝麻拌蔬菜

30分钟

茼蒿淡淡的苦味搭配卤水豆腐的嫩滑，风味绝佳的白芝麻拌蔬菜。
关键在于，豆腐不要过分捣碎，留下一丝绵密口感。

烹饪时间

15分钟

甜醋腌生姜和襄荷

甜醋腌菜最适合在吃过鱼料理后清口。
放在冰箱中冷藏可以保鲜2星期左右，所以
最好多做一些。

材料（2人份）

| 生姜 | 100g |
| 襄荷 | 6瓣 |

A	醋	½杯
	食盐	½小匙
	白砂糖	2大匙

制作方法

①生姜切片，襄荷纵向切成两半。

②将A倒入碗中拌匀，分成两份。

③锅中热水沸腾后，倒入襄荷煮30秒，倒入笊篱滤干。撒上少许食盐，稍微冷却后加入一半的②腌30分钟。

④生姜焯水后倒入笊篱滤去水分。撒上少许食盐，稍微冷却后加入一半的②腌30分钟。

拌滑子菇泥

用萝卜泥凉拌滑子菇和茼蒿。
味道清新爽口。萝卜泥滤净水分，
以防味道变得过淡。

材料（2人份）

滑子菇	50g
酱油	½小匙
茼蒿（菜叶）	10g
萝卜泥	½杯

A	醋	½大匙
	白砂糖	½小匙
	食盐	⅙小匙

制作方法

①滑子菇焯水后倒入笊篱中滤去水分，与酱油一起拌匀。茼蒿切成2cm长。

②萝卜泥滤去水分，与A拌匀。

③将①加入②中轻轻搅拌后装盘。

烹饪时间

20分钟

基本菜单

 焖饭

 亲子盖饭

 油炸豆腐
寿司

 蟹肉粥

 饭团

 猪肉酱汤

 松肉汤

 味噌汤

其他

 猪排盖浇饭

 三色肉松
盖浇饭

 鲑鱼咸鲑鱼子
盖浇饭

 笋焖饭

 茶泡饭

 鸡蛋汤

 泽煮碗

 冷汁

 山芋汁

 文蛤鲜汤

 蚬味噌汤

 裙带菜豆腐
味噌汤

 滑子菇小松菜
味噌汤

 卷心菜土豆
洋葱味噌汤

 咖喱乌冬

 油炸豆腐
清汤面

 冷面

第**4**章

米饭&
汤菜&面类

焖饭、亲子盖饭、味噌汤和咖喱乌冬等。
米饭、汤菜和面类的种类丰富，
每天更换不重样。
本书主要以基本菜单为主，
介绍能让人身心放松的美味佳肴。

焖饭

配菜丰富的焖饭，其怀旧的口感，让人想念妈妈的味道。肉和蔬菜的鲜味与汤汁渗入米饭，好吃到停不下来。

烹饪时间
40分钟

记忆中别人给我
做过的一道菜

第**3**名

材料（4人份）

米	2合	油炸豆腐	1/2块
海带	5cm	鸡胸脯肉	80g
牛蒡	40g	酱油、酒	各½大匙
魔芋	40g	A ┌ 酱油	1大匙
胡萝卜	30g	│ 酒	1大匙
香菇（切去菌柄）	2朵	│ 料酒	½大匙
		└ 食盐	⅓小匙

✅ **解说**

**米饭加入调味料后
倒入适量的水**

焖饭时，在加入调味料后，再看情况调整水的分量。先倒入少于平时煮饭所需的水，加入调味料后，再适量加水，这样可以避免失败。

准备工作

米淘净后倒入电饭锅中，加水，稍微低于2合刻度。加入洗净的海带，浸泡30分钟

牛蒡切成长条，浸泡在水中，滤去水分

魔芋切成短条，用食盐揉捏后流水冲洗干净。胡萝卜切成粗丝，香菇切成两半后再切成薄片。油炸豆腐浇过热水后横向切成两半，再切成丝

鸡肉切成一口食用的大小，与酱油和酒拌匀

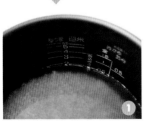

电饭锅

1 加入调味料

从电饭锅中夹出海带，倒入A。再加水至电饭锅内的刻度处，拌匀。

2 倒入食材

将牛蒡、魔芋、胡萝卜、香菇、油炸豆腐和鸡肉倒入锅中。同种食材均匀摊开，不要集中在某一处。

3 蒸米饭

②蒸好后，再焖10分钟左右。然后用饭勺轻轻搅拌，出锅装盘。

亲子盖饭

制作简单、分量充足的亲子盖饭，广受大人和孩子的欢迎。
鸡肉搭配松软的鸡蛋、充分吸收汤汁的米饭，美味无敌。
请根据个人口味调整鸡蛋的软硬。

烹饪时间

20分钟

材料（2人份）

鸡胸脯肉…………	100g	米饭…………………	2大碗
洋葱………………	80g	┌ 高汤 ……………	⅓杯
香菇………………	1朵	│ 白砂糖 ………	2小匙
鸭儿芹……………	10g	A 料酒 …………	1大匙
鸡蛋………………	2个	└ 酱油 …………	2大匙

✅ **解说**

不是亲子的话，
叫作陌生人盖饭？

与使用鸡肉和鸡蛋的亲子盖饭
相反，加入牛肉的盖饭多被称
作"陌生人盖饭"。陌生人盖
饭多见于关西地区，鸡肉被换
成猪肉，洋葱被换成大葱。

准备工作

鸡肉削片

洋葱切丝，香菇去菌柄
后切成薄片，鸭儿芹切
成3cm长

平底锅（小）

1
煮调味料

将A倒入较小的平底锅中煮
开，加入洋葱和香菇。

2
加入鸡肉

将鸡肉均匀撒在①中，盖上
锅盖中火炖煮7~8分钟。

 7~8分钟

3
浇入鸡蛋

鸡蛋打好后，浇入②中，盖
上锅盖后关火。用余热加热
鸡蛋，根据个人口味调整鸡
蛋的软硬。

4
撒上鸭儿芹

③撒上鸭儿芹。碗中盛入米
饭，将③浇在上面。

131

油炸豆腐寿司

多汁的油炸豆腐搭配寿司饭。
多出现于便当中或节日宴席上，是多人聚会时十分受欢迎的一道菜。

烹饪时间
60分钟

材料（2人份）

米	1合
油炸豆腐	4块
A ┌ 高汤	1杯
├ 三温糖	3大匙
└ 酒	1大匙
酱油	2大匙
炒芝麻	½大匙
甜醋腌生姜	适量

[混合醋]

醋	1½大匙
白砂糖	2小匙
食盐	⅓小匙

☑ **解说**

白砂糖和三温糖有什么不同？

油炸豆腐寿司所使用的三温糖，是将在制作一般白砂糖过程中产生的糖蜜继续加热而制成的黄砂糖。与白砂糖相比，三温糖更加香醇，适合制作煮菜。在煮菜之外的料理中，也可以代替白砂糖。

准备工作

油炸豆腐切成两半后开口，倒入热水去除油脂，滤去水分

米淘净，倒入电饭锅中蒸熟

单柄锅

1 煮油炸豆腐

将A倒入锅中拌匀，开火炖煮。煮开后转小火，倒入油炸豆腐，盖上锅盖煮10分钟。加入酱油，继续煮20分钟后，直接冷却。

🌢🌢🌢🌢🌢 → 🌢🌢🌢🌢
10分钟+20分钟

2 制作寿司饭

将蒸好的米饭倒入碗中，浇上混合醋，等待米饭吸收醋。然后一边用扇子扇，一边搅拌。最后撒上切碎的炒芝麻，搅拌均匀即可。

3 捏寿司饭

将②分成8等分，捏成稻草包形状。

4 塞入油炸豆腐中

将③塞入冷却的油炸豆腐中。寿司饭塞至油炸豆腐的一角，开口处折好后调整形状。装盘，配上甜醋腌生姜。

▲折好油炸豆腐的开口处

蟹肉粥

吸收汤汁变软的米饭，加入萝卜和蟹肉的鲜甜，让身体立刻变得温暖。
除了蟹肉以外，还可以加入鲑鱼、鸡肉等各种配菜。

烹饪时间

20分钟

材料（2人份）

米饭（热饭）······ 200g

蟹肉······ 60g

萝卜······ 80g

鸭儿芹······ 8根（5g）

高汤······ 2杯

A ┌ 酒 ······ 2小匙
  │ 食盐 ······ ⅓小匙
  └ 酱油 ······ ½小匙

鸡蛋······ 1个

解说

低卡路里的菜粥
是减肥的最佳菜单

菜粥的米饭吸收汤汁后膨胀，因此米饭较少也能带来
饱腹感。不但耐饿，还很健康，是夜宵或减肥餐的最
佳选择。配菜除了蟹肉外，还可以加入蔬菜和肉类，
保证营养均衡。

准备工作

蟹肉剔除软骨，撕成细条

萝卜切成3cm长的细丝，鸭儿芹切成3cm长

单柄锅

1

煮高汤、萝卜

💧💧💧💧💧 → 💧💧💧💧💧 5分钟

锅中倒入高汤和萝卜，盖上锅盖炖煮。沸腾后转小火继续煮5分钟。

2

加入米饭

💧💧💧💧💧 → 💧💧💧💧💧 7~8分钟

开中火，倒入A和米饭拌开。盖上锅盖，沸腾后转小火继续煮7~8分钟。

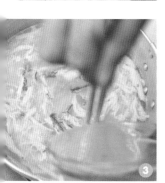

3

加入蟹肉和鸡蛋

将蟹肉倒入②中，浇上打好的鸡蛋。

4

撒上鸭儿芹

撒上鸭儿芹，盖上锅盖关火焖一会儿。

饭团

经典料理饭团，正是因为简单，才创造出不同的形状和口味。
首先，只要学会用碗制作，谁都能轻松捏出饭团。
请根据个人口味，使用不同食材制作饭团。

烹饪时间
10分钟

材料（各2个）

米饭	400g
咸鲑鱼（鱼片）	¼片
咸鳕鱼子	¼段
食盐	少许
海苔	适量
黑芝麻	少许

☑解说

饭团种类各异，极具地方特色

饭团是变化多样的料理，且具地方特色。比如说，在长野县，一些地区使用芜菁代替海苔。此外，饭团内包裹的食材也各有不同，东海地区会加入蛤蜊时雨煮，九州地区会加入大芥。在冲绳和夏威夷，还有配上午餐肉的方形饭团。今后，饭团的种类还会变得更加丰富。

准备工作

咸鲑鱼煎过后，撕成大块　　切成一口食用的大小

碗

1 将米饭和配菜倒入碗中

碗中盛入1/4米饭，中间向下压凹，放入咸鲑鱼。

2 手掌沾上食盐

用水将手打湿，手掌上撒上食盐。

3 捏成三角形

将①放在手掌上，双手包裹中间的馅料，捏成三角形。不要过分用力，以免破坏饭团的形状。

4 裹上海苔

给③裹上海苔，撒上黑芝麻。

▲轻轻揉成三角形

自己想要尝试
做的一道菜

第2名

猪肉酱汤

配菜丰富的猪肉酱汤，即使只有这道菜，也能让人觉得满足。
猪肉酱汤使用多种蔬菜，营养均衡。
冬季食用，可以帮助驱寒。

烹饪时间

30 分钟

材料（2人份）

猪五花肉	50g
萝卜	100g
胡萝卜	60g
牛蒡	50g
魔芋	50g
色拉油	1小匙
高汤	2½杯
味噌	2大匙
卤水豆腐	¼块
大葱	¼根

 解说

秘诀在于，用手撕魔芋和豆腐

魔芋和豆腐等食材本身没有味道，需要用汤汁或味噌入味才会变得好吃。当然可以用刀切，不过如果用手撕，断面出现凹凸不平，更加容易入味。

准备工作

猪肉切成一口食用的大小，萝卜切成扇形，胡萝卜切成半月形

牛蒡切成粗长条，浸泡在水中，滤去水分

魔芋撕成一口食用的大小，用锅煮熟

单柄锅

1 炒配菜

🌢🌢🌢🌢🌢

锅中倒入色拉油加热，加入牛蒡、萝卜、胡萝卜、魔芋和猪肉，大火爆炒。

2 倒入高汤

🌢🌢🌢🌢🌢 → 🌢🌢🌢🌢🌢 15分钟

①中加入高汤，沸腾后捞去浮沫。盖上锅盖，小火煮15分钟。

3 加入味噌

🌢🌢🌢🌢🌢

用汤汁溶化味噌，加入②中。

4 加入豆腐

用手将豆腐撕成大块，加入③中。加入切成小块的大葱，沸腾后关火，装盘。根据个人口味撒上五香粉。

▲用手将豆腐撕成大块

松肉汤

不使用肉类的松肉汤，比猪肉酱汤更加健康清淡。
切滚刀块的蔬菜丰富多样，清汤十分爽口。

烹饪时间

30分钟

材料（2人份）

萝卜	100g	香油	½大匙
胡萝卜	50g	高汤	2½杯
大葱	¼根	A ┌ 料酒	2小匙
丛生口菌	40g	┤ 食盐	½小匙
山芋	1个	└ 酱油	2小匙
油炸豆腐	½块	卤水豆腐	¼块
牛蒡	50g		

✓ 解说

不使用肉类或鱼类
源自寺庙的斋菜

松肉汤原本是寺庙的斋菜。
因此，不使用任何肉类等动
物蛋白质，只使用蔬菜和豆
制品。其实，真正的松肉汤
不使用干鲣鱼，用海带和香
菇制作高汤。

准备工作

萝卜、胡萝卜切滚刀块，大葱切成小块。丛生口菌切去菌柄头后撕成小株

油炸豆腐浇热水去油，横向切成两半后切成短条

山芋切滚刀块，撒上食盐揉捏，去除表面的黏液，用水洗净

牛蒡滚刀切块，浸泡在水中，滤去水分

单柄锅

1 炒配菜

🌢🌢🌢🌢🌢 2分钟

锅中倒入香油加热，加入牛蒡、萝卜、胡萝卜和山芋，大火爆炒2分钟。

2 倒入高汤

🌢🌢🌢🌢🌢 → 🌢🌢🌢🌢🌢 20分钟

将高汤、油炸豆腐和丛生口菌加入①中，盖上锅盖炖煮。沸腾后转小火继续煮20分钟。

3 加入调味料和豆腐

🌢🌢🌢🌢🌢

将A加入②中，豆腐用手撕成小块，倒入锅中。加入大葱。沸腾后关火，装盘。

▲豆腐用手撕成小块

141

味噌汤

味噌汤是日本料理的基本，也是每餐饭必不可少的汤菜。
因为没有固定的配菜，所以可以根据个人口味搭配萝卜、油炸豆腐或裙带菜等。

烹饪时间

20分钟

材料（2人份）

萝卜·····················100g

油炸豆腐················¼块

高汤（杂鱼干汤）

·····················1½杯

（杂鱼干汤的制作方法请参照P165）

味噌·····················1大匙

解说

每个地区的味噌汤都有自己的特色，食材、颜色和味道都变化多样

日常使用的味噌种类十分丰富。根据制作材料，分成米味噌、麦味噌、豆味噌。根据味道，分成淡味噌、甜味噌和咸味噌。此外，从视觉上，分为白、红和淡色味噌，因此最好从这些种类中选择自己喜欢的口味。地域不同，使用的味噌种类也不尽相同。比如"淡色咸味噌"的代表信州味噌，广为人知的"白色甜味噌"西京味噌，以及九州地区的"麦味噌"，等等。

准备工作

油炸豆腐浇热水去除油脂，切丝

萝卜切成粗丝

单柄锅

1 煮高汤和萝卜

🌢🌢🌢🌢🌢

将高汤和萝卜倒入锅中，盖上锅盖，大火炖煮。

2 加入油炸豆腐

🌢🌢🌢🌢🌢 10分钟

①沸腾后，加入油炸豆腐，转小火煮10分钟。

3 加入味噌

味噌用高汤化开后加入③中。沸腾后关火，装盘。

▲ 完成时的参考图片

要点

如果味噌沸腾时间过长，其香味和味道容易变淡，因此切忌长时间炖煮。食材煮熟后，加入味噌溶化，最好在沸腾前或沸腾后马上关火，此外，味噌汤重复加热会影响其味道，因此每顿饭最好重新制作味噌汤。

猪排盖浇饭

肉汁鲜美的猪肉搭配绵密的鸡蛋，猪排盖浇饭深受孩子和男士的喜爱。
使用小平底锅，用余热烘烤鸡蛋，保证软滑的口感。

材料（2人份）

猪排⋯⋯⋯⋯⋯⋯ 2块
（制作方法请参照P16）
洋葱⋯⋯⋯⋯⋯ 100g

A ┌ 高汤 ⋯⋯⋯⋯⋯½杯
　├ 白砂糖 ⋯⋯⋯ 2小匙
　├ 料酒 ⋯⋯⋯⋯ 1大匙
　└ 酱油 ⋯⋯⋯⋯ 2大匙

鸡蛋⋯⋯⋯⋯⋯⋯ 2个
米饭⋯⋯⋯⋯⋯⋯ 2大碗
鸭儿芹⋯⋯⋯⋯⋯ 4根

制作方法

❶ 猪排切成宽约2cm的长条。洋葱切丝。

❷ 将A倒入小平底锅中拌匀，加热。沸腾后加入洋葱和猪排，盖上锅盖煮4~5分钟。

❸ 将打好的鸡蛋液倒入②中。盖上锅盖关火，用余热让鸡蛋凝固到自己喜欢的程度。

❹ 米饭盛入碗中，将③盖浇在上面，配上切成2cm长的鸭儿芹。

烹饪时间

15分钟

烹饪时间

20 分钟

材料（2人份）

菠菜·····················80g
酱油·····················½小匙
鸡蛋·····················2个
白砂糖··················1大匙
食盐·····················少许
鸡肉糜··················150g

A
酱油·······1大匙多
酒·········2小匙
白砂糖······2小匙
生姜汁······½小匙

米饭·····················2大碗

制作方法

❶ 菠菜焯水后切成1cm长，与酱油拌匀。鸡蛋在碗中打好，加入白砂糖和食盐拌匀。

❷ 加热不粘平底锅后，倒入鸡蛋。开中火，用2~3根长筷子搅拌成蛋花后出锅。

❸ 在同个平底锅中倒入肉糜和A，拌匀。开中火，同样用2~3根长筷子一起搅拌，炒至肉变干后收汁。

❹ 米饭盛入碗中，倒入菠菜和②、③。

三色肉松盖浇饭

由3种味道、3种颜色的食材组成的肉松盖浇饭。
让人打心里放松和怀念的一道菜。
秘诀在于，用2~3根长筷子搅拌鸡蛋和肉糜。

145

材料（4人份）

米···················· 2合
生鲑鱼·············· 2块
食盐··············· ⅓小匙

A ┌ 酒 ··········· 2大匙
  │ 酱油 ········· 1大匙
  │ 食盐 ········· ½小匙
  └ 白砂糖 ······· 1小匙

生姜（切碎）····· 1小匙
咸鲑鱼子············ 50g
小葱·············· 2根

制作方法

① 米淘净后倒入电饭锅中，加水至1合半的刻度处，浸泡30分钟。

② 鲑鱼去骨去皮，切成一口食用的大小，撒上食盐。

③ 将A倒入①中，加水至2合的刻度处。加入生姜拌匀，再将②均匀倒在上面，按正常程序蒸饭。

④ 米饭蒸熟后，焖一会儿。将米饭拌匀，装盘，撒上咸鲑鱼子和小葱。

烹饪时间

10分钟

鲑鱼咸鲑鱼子盖浇饭

加入了充足的鲑鱼和咸鲑鱼子，品尝秋天的味道。
将鲑鱼盛在焖饭上，浇上富有弹性的咸鲑鱼子作点缀。

烹饪时间

15分钟

笋焖饭

笋焖饭中的竹笋口感爽脆，十分美味。

材料（4人份）

米…………………2合		料酒………1大匙	
竹笋（煮熟）	A	食盐………1小匙	
……1小个（150g）		酱油……½大匙	
油炸豆腐…………1块		高汤………1杯多	
		花椒嫩芽………适量	

制作方法

❶ 米淘净后倒入电饭锅中，加水至1合的刻度处，浸泡30分钟。

❷ 竹笋纵向切成两半，煮4~5分钟。倒入笊篱滤去水分，冷却后将笋尖切成长条，根部切成银杏状。油炸豆腐浇热水后，切成小块。

❸ 将A倒入①中，加高汤至2合的刻度处。拌匀后加入②蒸熟。装盘，配上花椒嫩芽。

茶泡饭

喝酒之后或没有食欲的时候，
可以食用清淡的茶泡饭。
制作简单，快速完成。
加入个人喜好的配菜，浇上热茶就能食用。

烹饪时间

10分钟

材料（2人份）

米饭…………2茶碗	紫苏腌茄子……30g
咸鲑鱼…………1块	煎年糕丁………少许
鸭儿芹…………4根	芥末泥…………少许
	茶……………适量

制作方法

❶ 鲑鱼去骨去皮，撕成大块。鸭儿芹切成2cm长。

❷ 紫苏腌茄子切碎，煎年糕丁切碎。

❸ 茶碗盛入米饭，放入①和②。配上芥末泥，浇入热茶。

材料（2人份）

高汤……………… 1½杯
食盐……………… ¼小匙
酱油……………… ½小匙
土豆淀粉………… ½大匙
水………………… 1大匙
鸡蛋……………… 1个
小葱……………… 适量

制作方法

❶ 将高汤和食盐倒入锅中加热。沸腾后加入酱油和用水溶化的土豆淀粉，拌匀。

❷ ❶再次沸腾后，开中火倒入打好的鸡蛋液，拌匀。装盘，撒上切碎的小葱。

要点 水溶土豆淀粉主要用于给料理勾芡。一次性倒入太多容易成块，因此最好一边搅拌锅中的食材，一边倒入土豆淀粉。倒入土豆淀粉后仔细搅拌，彻底加热。

烹饪时间

15分钟

鸡蛋汤

既能搭配日餐，又能搭配中餐的浓汤。
味道清淡，适合搭配任何料理的一道菜。

泽煮碗

泽煮碗中有肉丝和多种蔬菜，
口感非常不错。
切记不要过度加热，以保持蔬菜的口感。

烹饪时间

20分钟

材料（2人份）

五花肉	20g
食盐	少许
鸭儿芹	4根
萝卜	40g
胡萝卜	20g
牛蒡	20g
香菇	1朵
高汤	2杯
酒	2小匙
食盐	⅓小匙
酱油	1小匙
粗胡椒	少许

制作方法

❶ 猪肉切丝，撒上食盐。鸭儿芹切成3cm长。

❷ 萝卜、胡萝卜和牛蒡切成3cm的细丝，牛蒡浸泡在水中。香菇切去菌柄，切成薄片。

❸ 将高汤和酒倒入锅中煮开，加入猪肉搅拌。加入②，沸腾后加入食盐和酱油调味。

❹ ③中加入鸭儿芹，装盘，撒入粗胡椒。

要点 泽煮碗指的是含有猪肉丝和蔬菜的清淡汤菜。据说，泽煮这个名字来源于"炖煮许多食材"，特色在于包含多种蔬菜。加入任何蔬菜都可以，所以请试着自由搭配吧。

材料（2人份）

竹筴鱼干⋯⋯⋯⋯ 1片
味噌⋯⋯⋯⋯⋯ 2大匙
高汤⋯⋯⋯⋯⋯ 1½杯
研碎的芝麻⋯⋯⋯ 1大匙
卤水豆腐
⋯⋯⋯⋯ ⅓块（100g）
黄瓜（小片）⋯⋯½根
紫苏叶⋯⋯⋯⋯⋯ 4片
米饭⋯⋯⋯⋯⋯ 2茶碗

制作方法

① 在铝箔上涂上味噌，放在烤鱼架上稍微烤制表面。

② 竹筴鱼烤过后去骨去皮，撕开。将鱼肉放入研钵中研碎，倒入①的味噌继续研磨。

③ ②中浇入冷的高汤，继续研磨。加入芝麻、研碎的豆腐和黄瓜，拌匀后放入冰箱冷藏。

④ ③装盘，配上切丝的紫苏叶。浇在米饭上食用。

冷汁

冷汁属于宫崎县的地方菜，在米饭上浇入冷汁食用。
鱼类、豆腐和味噌组成的汤汁风味绝佳，
即使毫无食欲的夏天，也十分下饭。

山芋汁

烹饪时间
20分钟

山芋有消除疲劳和促进消化的功效，
是营养价值极高的食材。因为帮助消化的酵
素淀粉酶不抗热，
最好将其磨成山芋汁生食。

材料（2人份）

山芋	150g	酱油	1小匙
高汤	1/2杯	麦饭	2茶碗
食盐	小匙1/3匙	海青菜	少许

制作方法

① 山芋用研钵磨成泥，加入高汤拌匀（＊）。加入食盐和胡椒粉，继续研磨。

＊用擦菜板研磨山药，加入高汤拌匀也可以。

② 将①浇在麦饭上，撒上海青菜。

文蛤鲜汤

烹饪时间
15分钟

清汤中放着大颗的文蛤，这就是难忘的文蛤鲜汤。
泛白的汤底味道鲜美，
作为女儿节的吉祥物，文蛤鲜汤是必不可少的食物。

材料（2人份）

文蛤	4颗	海带	4cm
水	2杯	食盐	1/3小匙
酒	2小匙	淡酱油	1/3小匙
		花椒嫩叶	2片

制作方法

① 文蛤洗净外壳。

② 锅中倒入水、酒、擦干净的海带和①，中火加热。文蛤开口后，夹出海带，捞去浮沫，加入食盐和淡酱油调味。

③ 挖取文蛤肉，一个壳上放入2片肉装盘。浇入汤汁，配上花椒嫩叶。

蚬味噌汤

蚬浓厚的鲜味溶化在味噌汤中，
据说是消除宿醉的醒酒汤。
喝汤的同时，不要忘记品尝蚬的鲜嫩。

20分钟

材料（2人份）

蚬	100g
水	1¾杯
海带	5cm
味噌	1大匙

制作方法

① 蚬带壳洗净。

② 锅中倒入水、擦过的海带和①加热。沸腾后夹出海带，转小火煮4~5分钟。

③ 在②中溶化味噌，开中火煮沸即可。

15分钟

裙带菜豆腐味噌汤

说起味噌汤的经典搭配，很多人会立刻
想到这个组合。裙带菜和豆腐的
清淡味道，适合搭配任何料理。

材料（2人份）

裙带菜（泡开）	40g
卤水豆腐	80g
高汤	1½杯
味噌	1大匙

制作方法

① 裙带菜切成一口食用的大小，豆腐切成方块。

② 锅中倒入高汤煮开，加入裙带菜。味噌溶化后，加入豆腐，沸腾即可。

烹饪时间

15分钟

滑子菇小松菜味噌汤

滑子菇的润滑和小松菜的爽脆相结合的特殊口感。滑子菇稍微洗净即可，以免洗去滑子菇的光滑菌伞。

材料（2人份）

滑子菇…………	50g
小松菜…………	50g
高汤……………	1½杯
味噌…………	1大匙

制作方法

① 滑子菇稍微洗净，小松菜切成3cm长。

② 锅中倒入高汤煮开，加入①再次沸腾。溶化味噌，沸腾即可。

卷心菜土豆洋葱味噌汤

加入3种蔬菜的味噌汤。

烹饪时间

20分钟

材料（2人份）

卷心菜…½片（30g）	高汤……………1¾杯
洋葱……¼个（50g）	味噌……………1大匙
土豆…1小个（80g）	
香油…………1小匙	

制作方法

① 卷心菜切成一口食用的大小，洋葱切丝。土豆切成一口食用的大小，浸泡在水中。

② 锅中倒入香油加热，倒入洋葱和土豆炒。加入高汤，沸腾后加入卷心菜，盖上锅盖，转小火煮10分钟。

③ 在②中溶化味噌，沸腾即可。

材料（2人份）

乌冬面……　2袋（2团）
猪肉（切片）………80g
大葱……………………½根
高汤……………………　3杯
料酒…………………　2大匙
酱油…………………　2大匙
咖喱粉………………　2小匙
土豆淀粉………　2大匙
水………………………　4大匙
小葱…………………　适量

制作方法

❶猪肉切成一口食用的大
小。大葱切成3cm长，再
纵向切成两半。

❷锅中倒入高汤煮开，加
入①、料酒和酱油。沸腾
后转小火煮7~8分钟。

❸咖喱粉、土豆淀粉和水
拌匀，浇入沸腾的②中。
充分搅拌后勾芡，沸腾即
可。

❹在另一口锅中烧水，
沸腾后加入乌冬面煮4~5
分钟，等面煮开。倒入笊
篱中，彻底滤去水分，装
盘。浇入③，撒上切碎的
小葱。

烹饪时间

20分钟

咖喱乌冬

咖喱乌冬的味道，取决于和风高汤和咖喱的绝妙组合。
用水溶土豆淀粉勾芡，可助乌冬面和汤汁彻底拌匀。

油炸豆腐清汤面

滑溜的乌冬面有一丝温暖的味道。

烹饪时间
20分钟

材料（2人份）

乌冬面…	2袋（2团）
油炸豆腐…	1块

A
高汤…	¼杯
酱油…	2小匙
白砂糖…	1小匙

B
高汤…	3杯
食盐…	½小匙
料酒…	2大匙
酱油…	2小匙

菠菜…	40g
大葱（薄片）…	10g

制作方法

❶油炸豆腐浇热水去除油脂，切成4块。将油炸豆腐和A倒入锅中，沸腾后转小火煮4~5分钟。

❷将B倒入另一只锅中，煮沸。

❸在另一只锅中煮足够多的热水，沸腾后加入乌冬煮4~5分钟，倒入笊篱中滤去水分，装盘。将菠菜倒入剩有热水的锅中，焯过后切成3cm长。

❹将2浇在乌冬上，配上①、菠菜和大葱。

冷面

滑溜好吃，味道清淡，即使在酷暑，也能开心食用。

材料（2人份）

挂面…	3把（150g）	[挂面佐料汁]
紫苏叶…	3片	料酒… 2大匙
生姜…	½片	高汤… 1杯
襄荷…	1瓣	淡酱油… 2大匙

制作方法

❶锅中倒入料酒加热，沸腾后加入高汤和酱油拌匀。煮沸后关火，冷却后放入冰箱冷藏。

❷紫苏叶切丝，生姜研磨成泥。襄荷纵向切成两半后切成薄片。

❸锅中煮足够的热水，沸腾后煮挂面。倒入笊篱滤去水分后，马上将挂面浸泡在冷水中，更换水2~3次。挂面冷却后用手轻轻揉洗，滤去水分。

❹将③分成几大口摆放在大碗中，倒入冰块。配上②，蘸着冷却的挂面佐料汁食用。

烹饪时间
20分钟

155

需要准备的烹饪工具

 需要准备的调味料

 测量调味料的方法

 淘米·蒸饭的方法

 制作高汤的方法

 处理鱼贝类的方法

 处理蔬菜的方法

 挑选·保鲜蔬菜的方法

 菜单的搭配方法·烹饪的步骤

第**5**章

需要掌握的
日餐基础

开始制作日餐前，先介绍
需要掌握的日餐基础知识。
烹饪工具、调味料的测量方法、食材的处理，
是任何料理都能通用的知识。
只要完全掌握这些基本知识，
就能挑战难度较高的料理。

需要准备的
烹饪工具

正式开始制作料理前，
首先向各位介绍需要准备的基本烹饪工具。
从各个家庭已经拥有的工具，到料理日餐所需的特殊工具，
只要拥有以下介绍的工具，基本不会有任何问题。
请慢慢收集必需的烹饪工具。

锅

分别准备直径为22~26cm的大锅，直径为14~18cm的小锅等尺寸不同的锅。带锅盖的单柄锅和双手锅使用方便，而且材质均衡传热，建议购买。

碗

最好准备直径从18cm到24cm的大碗、中碗和小碗。一般使用轻巧的不锈钢碗。不过，可以放入微波炉加热的耐热玻璃碗也非常实用。

煎蛋器

制作鸡蛋卷或煎鸡蛋饼的时候，煎蛋器非常好用。建议挑选能够均衡传递热量，且不容易粘锅的煎蛋器。

砂锅

砂锅散热慢，保温能力强，是制作火锅和米饭的最佳器具。最近的砂锅有一人使用的小砂锅，也有大砂锅，尺寸多样。请根据实际用途挑选合适的砂锅。

平底锅

最好挑选氟化乙烯树脂材质的平底锅，不粘锅，而且容易清洗。直径为22~26cm且锅底较深的平底锅可以炒菜也可以油炸食物，使用方便。最好根据平底锅的直径挑选合适的锅盖。

笊篱·滤器

用于滤去食材的水分或滤去汤汁时。方便过滤的带脚滤器或者不烫手的带柄滤器都十分好用。

菜刀

只要拥有一把刀刃长为18~20cm的牛刀或三德菜刀，就能处理任何肉类、鱼类和蔬菜。最好挑选手感较好的菜刀。刀刃厚的菜刀不需要花太多力气，可以用来削鱼片。

漏勺

用于捞去浮沫或捞起油炸食物。建议挑选耐热性佳，网眼小的漏勺。

量勺

用于测量调味料的分量。基本有大匙（15ml）和小匙（5ml）两种就可以。有些量勺套装还包含½小匙和¼小匙。

汤勺

用于盛汤菜或煮菜时。根据经常使用的锅的大小挑选合适的汤勺。最好记住1汤勺的分量有多少。

木锅铲

用于炒菜。建议挑选手柄较长，锅铲前端较薄的木锅铲。

量杯

选择容量为200ml以上、带手柄的量杯。刻度清晰的透明材质使用起来更方便。

大汤匙

比汤勺小，主要用于盛汤汁或鸡蛋液。是适合小锅或小平底锅的尺寸。

平铲（锅铲）

用于食材翻面或转移等。挑选手感佳、好用力的大小和长度。

电子秤

推荐测量精准的电子秤。最好选择刻度清晰，能够自动减去容器重量的机型。

小锅盖

用于炖煮菜，为了保证汤汁渗入整锅菜中，最好选择内径比锅小一圈，耐热性佳的小锅盖。

去刺器

用于拔除鱼的小鱼刺和背骨。鱼刺很难处理，所以最好购买专门的去刺器。

擦菜板

用于擦碎萝卜和生姜等食材。品种繁多，不过最好选择带有防滑物的擦菜板，使用比较安全。

研钵、研磨棒

用于捣碎食材。直径约为24cm，不过拥有多种尺寸，最好选择便于使用的尺寸。

卷帘

用于制作海苔寿司卷或调整鸡蛋卷形状。材质分为竹质和塑料。

其他需要准备的烹饪用具

☐ 砧板	☐ 削皮器
☐ 平盘（大·中·小）	☐ 厨房计时器
☐ 油炸温度计	☐ 保鲜膜
☐ 笊篱盆	☐ 铝箔
☐ 蒸盘、蒸碗	☐ 厨房纸
☐ 长筷子	☐ 木盆
☐ 饭勺	☐ 抹布
☐ 橡胶锅铲	☐ 锅垫
☐ 厨房剪刀	☐ 锅抓手

需要准备的调味料

与西餐和中餐相比，日餐所使用的调味料种类较少。
只要准备此处介绍的基本调味料，就可以制作几乎所有日餐。
不需要挑选贵的，不过购买时必须掌握几个要点。

食盐

决定料理味道的关键调味料食盐，和科学合成的精制盐相比，最好选择天然晒干的自然盐。

白砂糖

适合任何料理的白砂糖是最基本的调味料。制作煮菜时，可多使用味道更加醇厚的三温糖。

酱油

分成浓酱油和淡酱油，一般的酱油多为浓酱油。做汤时加入淡酱油，颜色会更好看。

料酒

为料理浇汁和提鲜的料酒，是日餐必不可少的调味料。虽然市面上有料酒风味的调味料，但最好还是选择料酒。

醋

不仅是为料理提供酸味，还有防止食物变色的功效。种类繁多，最好选择口味温和的米醋。

味噌

红味噌、白味噌、淡味噌等种类繁多，味道还分为甜味噌和咸味噌，选择自己喜爱的口味就可以。制作不同料理时选择不同的味噌，味道会变得更好。

面粉类

准备油炸食物时所需的面粉（低筋粉）和面包糠，给料理勾芡的土豆淀粉，等等。

酒

为料理增鲜，消除腥味，市面上销售的料酒多有加盐，咸味较重，因此最好使用清酒。

食用油

色拉油广泛用于炒菜和油炸食物。香油用于调味。

调味料的量取及方法

为了掌握料理的基本知识，按照食谱量取调味料十分重要。只要量取准确，
便可避免调味失败，保证料理基本的味道。

量勺

大匙是15ml，小匙是5ml。

酱油、酒和料酒等

1大匙
1小匙

倒入调味料，充满至量勺边缘后量取。

½大匙
½小匙

如果是液体，½差不多在量勺的7分处。
因为底部是圆形，所以看上去要倒入⅔
左右。

食盐、白砂糖和味噌等

1大匙
1小匙

粉类舀满整勺后，用锅铲或汤匙的手柄将
表面刮平。

½大匙
½小匙

表面刮平后，用汤匙的手柄去掉一半。¼
在此基础上再去掉一半。

手捏

食谱上写的"少许"不需要用量勺或量杯测
量，直接手捏分量即可。

少许
用大拇指和食指轻轻
捏起的分量。

一小撮
用大拇指、食指和中
指轻轻捏起的分量。

量杯

食谱中的1杯，指的是
200ml。量取时，视线
与刻度平行。计量杯如
果是透明的，刻度比较
清晰，调整也比较容
易。

米杯

米杯的容量与计量杯
不同，1杯=1合。刮
平的情况下（如图）
等于1合（180ml），
所以不要跟计量杯混
起来使用。

电子秤

面粉类不可以直接倒
在电子秤上，最好放
入容器量取。此时，
为了避免加上容器的
重量，事先将容器放
在电子秤上，清零后
再放入面粉称重。

淘米·蒸饭的方法

好吃的米饭，取决于水量和火候。如果是电饭锅，只要加入的水量合适，
几乎不会失败。不过，如果掌握正确的淘米方法，蒸出的米饭会更加美味。

淘米的方法

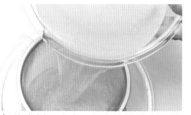

1 将米倒入碗中，加入充足的水，搅拌后立即滤去水分。

2 淘米时轻轻搅拌。

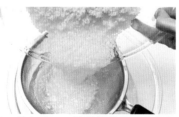

3 一边加水，一边轻轻搅拌，滤去水分。重复3~4次步骤②和③。

4 将米倒入笊篱中，放置5分钟左右。

要点 如果太过用力搓米，米粒容易裂开，美味随之流失。只需轻轻搅拌米粒，洗去米粒外面的米糠即可。不需要频繁换水，米粒稍微变透明就可以了。

蒸饭的方法

用电饭锅蒸饭

将淘净的米倒入内胆中，根据米量加水至相应刻度处。浸泡30分钟后开始蒸饭。

用锅蒸饭

1 将淘净的米倒入锅中，加入米量1.2倍的水（1合的情况下为220ml），浸泡30分钟。

2 盖上锅盖大火蒸。开始冒蒸汽时，转中火蒸5分钟，再转小火蒸5分钟，再开大火蒸3秒后关火。焖10分钟。

保鲜方法

用保鲜膜包裹一餐的量

趁米饭还温热时用保鲜膜包裹1餐的量。压扁冷却后装入冷冻保鲜袋中，放入冷冻室保鲜。

放入密封容器中

趁米饭还温热时放入冷冻密封容器中，冷却后盖上盖子放入冷冻室保鲜。

制作高汤的方法

煮菜和汤菜必需的"高汤"，同样是日餐的基本配料。

最近市面上有销售各种成品高汤，不过用海带或干鲣鱼制作的高汤味道特别鲜美。

作为制作日餐的第一步，请掌握3种高汤的制作方法。

海带&干鲣鱼

海带和干鲣鱼的高汤几乎是所有料理都会用到的基本高汤。本书提到的"高汤"正是此类。味道醇正，使煮菜和汤菜的味道变得温和。如果做得较多，有剩余的话，可以放在冰箱保鲜2~3天左右。

材料（容易制作的分量）	
海带	8cm
干鲣鱼	8g
水	3杯

1 将水和海带倒入锅中，浸泡30分钟~1个小时。

2 开中火，沸腾前（锅中开始冒出白色泡沫后）夹出海带。

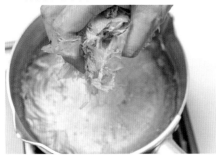

3 加大火力煮沸后撒入干鲣鱼。

4 ③煮沸后关火。

5 倒入铺有厨房用纸的笊篱中。

要点 海带表面带有的白色物质是美味成分，不用擦拭也可以。大火将海带煮沸，其表面会产生黏液，容易变臭，因此注意不要煮沸。此外，干鲣鱼倒入笊篱后，不要挤压剩余的干鲣鱼。为了避免汤汁变浑浊，只要轻轻过滤即可。

杂鱼干高汤

杂鱼干味道鲜美，适合用于味噌汤的高汤或口味较重的煮菜等。去除带苦味的头部和肠子，能够充分发挥鱼肉的鲜香，制成美味的高汤。

材料（容易制作的分量）

杂鱼干·····················8条
海带·······················5cm
水·························3杯

1　去除杂鱼干的头部和肠子。将水、杂鱼干和海带倒入锅中，放置30分钟~1个小时。

2　①开中火加热，煮沸后夹出海带。

3　捞去浮沫，转小火继续煮10分钟左右，捞出杂鱼干。

海带高汤

海带高汤香味和口味较淡，适合用于发挥食材本身味道的料理。而且，稀释牛肉火锅作料时，最好使用海带高汤。

材料（容易制作的分量）

海带·······················8cm
水·························3杯

1　将水和海带倒入锅中，放置30分钟~1个小时。

2　①开中火加热，海带展开后会开始冒出小泡沫。

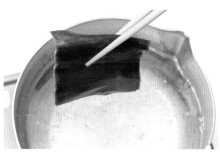

3　沸腾前夹出海带。

食材的准备工作①
处理鱼贝类的方法

是否彻底进行事先处理，
在很大程度上决定了鱼贝类料理的味道。
一般都认为鱼肉切片很难，
只要掌握诀窍，其实也挺简单。所以，请试着挑战一下吧。

鱼肉切片的方法

鱼肉切片的方法很多，这里主要介绍将鱼肉切成上身、背骨和下身的三片刀法。三片刀法
是鱼肉切片的基本方法，比较容易掌握。刚开始可能会觉得难，不过多练习几次就熟练
了。建议使用容易切的厚刀刃菜刀，使用平常使用的菜刀也可以。

1 用菜刀刮去鱼鳞。肉质较软的鱼（沙丁鱼等）最好用刀背刮鱼鳞。

2 切去尾部附近的锯齿状鳞片。从尾部向头部慢慢挪动菜刀。

3 从胸鳍的后侧斜着插入菜刀，切去头部和胸鳍。

要点

制作生鱼片时，如果鱼刺很粗，用去刺器拔除鱼肉中的背骨和小鱼刺。朝头部拔除鱼骨，可以彻底拔除背骨。

4

尾部朝左，将菜刀插入腹部，捞出内脏。流水洗净后，抹去水分。

5

鱼背朝自己，从头部向尾部划上划痕，再沿着背骨插入菜刀。

6

鱼腹朝自己，从尾部向头部划上划痕。

7

菜刀贴在背骨上，从尾部沿着背骨将菜刀插至背骨处。

8

按住尾部，再次将菜刀插至背骨处，用刀尖切下背部的鱼肉。

9

菜刀的刀刃移向另一侧，使尾部和鱼身分离。

10

将带有背骨的鱼片翻面，按照⑤~⑦步骤处理。

11

鱼背朝自己，按住尾部，按照⑧~⑨步骤分离鱼身。

12

切成上身、背骨和下身三片时的样子。

13

斜着插入菜刀，切去上身和下身残留的腹骨。

乌贼的处理方法

乌贼分成身体和脚，从身体开始处理。只要使用湿抹布，感觉很难对付的皮也能轻松剥去。

1 将手指插入乌贼的身体和内脏之间，将身体和内脏分离。

4 拉出乌贼鳍的根部，使其与身体分离。

7 切去上面部分，打开脚。

2 从体内拔出脚和内脏。

5 用湿抹布捏住身体的外皮，一口气撕掉。

8 削去脚上的嘴巴（坚硬部分）。

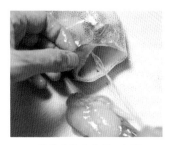

3 从体内拉出软骨，切除。

6 在眼睛下方切去脚，切除内脏和眼睛。

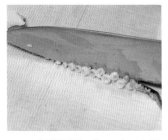

9 分别将脚切成2~3条，切除每条脚上的吸盘。

沙丁鱼的处理方法

肉质较软的沙丁鱼用手就能简单处理。比起菜刀，用手更容易清除鱼刺，掌握这个方法就很方便。

1 切除头部，切去腹部的坚硬腹骨。

4 大拇指一口气移至尾部，将鱼身展开。

2 去除内脏用水清洗后，抹去水分。

5 在尾部折断背骨，用手捏住。

3 将大拇指插入背骨和上身之间，沿着背骨从头部向尾部移动。

6 从尾部向头部移动，去除背骨。

虾的处理方法

处理虾时，最重要的是挑去背肠。背肠中会留有沙子，不挑去容易发臭。因此，必须要进行处理。

1 摘去虾头，将竹签插入第2关节处，挑起背肠。

2 剥去虾壳，切去尖端（尾部的尖端），处理里面的水分。

3 在腹部划上几处划痕，拉开身体。

169

食材的准备工作②
处理蔬菜的方法

与鱼贝类一样，蔬菜也需要根据需要进行不同的切法和处理。种类不同，处理的方法也不一样。不过，为了使蔬菜更美味，更便于料理，所以不要觉得麻烦，下功夫好好处理。

蔬菜的切法

蔬菜的切法不同，其大小和形状甚至受热程度也会发生变化。

这里主要介绍菜单中常见的基本切法。

切丝

将食材切成4~5cm，纵向切成薄片。

将切成薄片的食材重叠，切成细丝。

切成长条

将食材切成4~5cm，纵向切成1cm厚。

切口朝向，切成薄薄的长条。

切碎、切丁

纵向将洋葱等切成两半，横向切出切痕。

纵向切出切痕，根部不要切断。

菜刀与切痕成直角，切成宽3~4mm的碎末。

切丁时将宽度控制在5~6mm。

切成圆片　保持食材本身的圆形，统一切成薄片。

切成梆子状　将食材切成4~5cm长，纵向切成1cm厚。切口朝下，切成1cm厚。

切滚刀块　滚动食材的同时，斜着切块，切的时候变换切口的角度。

切成方块　将切成梆子状的食材摆放整齐，切成1cm宽的方块。

切成半月形　将圆柱形食材纵向切成两半，切口朝下切成相同厚度。

斜切　圆柱形的细长食材，斜着切成相同宽度。

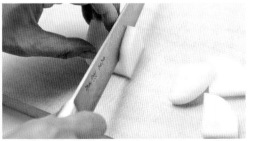

切成扇形　将圆柱形食材纵向切成两半，再纵向切成两半，切口朝下切成相同厚度。

切成小片　圆柱形的细长食材，切成相同宽度的小圆片。

切成梳子形 球形食材切成两半，再切成放射状。

削成薄片 在牛蒡等食材表面划上几条划痕，向削铅笔一样，一边转动食材，一边削薄片。

葱丝 将大葱切成4~5cm长，去除菜心后沿着纤维切丝。

生姜丝 生姜去皮后切成薄片，将薄片重叠切成针状。

蔬菜的煮法

煮后使用的蔬菜主要分成青菜（菜叶）和菜根两部分。这两部分如果煮过头，味道和口感会变差，所以请掌握正确的煮法。

煮青菜

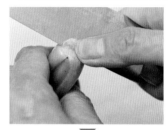

稍微留点根，切去小松菜和野油菜等的根部。

在三叉处划上划痕，流水洗净。洗净留在根上的泥。

锅中热水沸腾后，将不好熟透的根部向下放入锅中。根部焯水几秒后，再放入菜叶，均衡加热。

煮根菜

萝卜、山芋和胡萝卜等根菜与水一起倒入锅中加热。

处理蔬菜的方法

不同种类的蔬菜，其处理方法也各式各样。

稍微下点功夫，味道和外观都会改变，所以说烹饪前的准备工作十分关键。

削棱角

为了防止萝卜和胡萝卜的形状变形，用菜刀削去棱角。外观变得更加漂亮，还有调整形状的作用。

洗净黏液

山芋会产生黏液，需要烹饪前用食盐揉搓后用清水洗净。或者倒入锅中煮开。

泡水

将切好的蔬菜浸泡在水中。蔬菜会产生浮沫或淀粉，泡水有助于去除以上物质，以免蔬菜变色。

砧板处理

黄瓜和秋葵等撒上食盐，在砧板上来回滚动。这样一来，食材表面变软，颜色更加鲜艳。

去筋

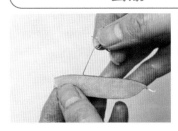

摘去蔬菜的硬筋。豌豆折去菜蒂，拉着摘去筋部。

切除菌柄头

切除菌类的根部。香菇切去根部前端1cm长的坚硬部分。

切除菌柄

切除香菇等的菌柄。在菌伞下方切断。

去芽

土豆的芽中含有叫做"茄碱"的毒素，用菜刀的一端挖去芽。可以在刨皮后去芽。

173

食材的准备工作②

挑选·保鲜蔬菜的方法

想要区分新鲜美味的蔬菜，需要掌握几个判断颜色和形状的要点。

而且，在蔬菜有剩余的情况下，保鲜方法正确，蔬菜更加耐放。

本书将蔬菜分成四大类，分别介绍起挑选和保鲜的方法。

青菜 | 青菜非常不耐放，所以买回来后马上就得料理。新鲜青菜的菜梗和根茎看起来鲜嫩有张力，菜叶水灵。

菜叶厚实，鲜嫩水灵。••••••

••••••叶子翠绿有光泽。

根茎笔挺，粗大。•••••

保鲜方法
▶ 为了防止菜叶水分蒸发，可以用报纸包裹或放入塑料袋中，立在冰箱冷藏室的蔬菜区保鲜。
▶ 稍微煮得硬一点，切成适当大小，装入冷冻保鲜袋中，放入冷冻室。食用时用微波炉或热水解冻即可。

青椒、西红柿等 | 检查颜色的深浅、张力和光泽。一般装入塑料袋中放入冰箱冷藏室保鲜，不过要注意切过的食材容易腐烂。

选择有光泽，肉厚有弹力的青椒。

西红柿表皮鲜红，手感较重。

表面鲜艳，水灵灵。

保鲜方法
▶ 抹去水分，装入塑料袋中放入冰箱的蔬菜区保鲜。
▶ 西红柿可以烫皮后冷冻保鲜。可以在冷冻的状态下进行料理。

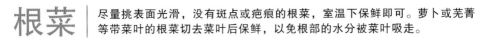

根菜

尽量挑表面光滑，没有斑点或疤痕的根菜，室温下保鲜即可。萝卜或芜菁等带菜叶的根菜切去菜叶后保鲜，以免根部的水分被菜叶吸走。

不要表皮变黑或变色的土豆。

不要出芽的土豆。

选择圆润的形状，表皮没有褶皱和凹凸的土豆。

表皮光滑有光泽，颜色鲜艳。

保鲜方法
▶ 装入保鲜袋，放入冰箱的蔬菜区保鲜。
▶ 胡萝卜用厨房纸抹去表皮的水分，装入保鲜袋放入冰箱的蔬菜区保鲜。

菌类

香菇和丛生口蘑等菌类最好挑选菌柄粗短的品种。而且，菌类容易腐烂，想要长时间保鲜的话建议冷冻。

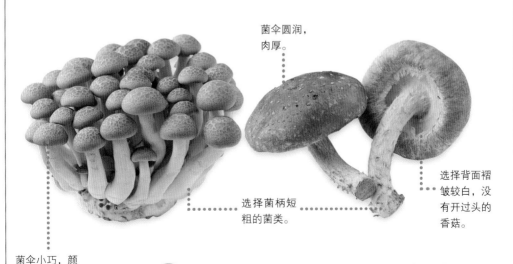

菌伞圆润，肉厚。

选择菌柄短粗的菌类。

选择背面褶皱较白，没有开过头的香菇。

菌伞小巧，颜色较深。

保鲜方法
▶ 用厨房纸裹好后装入保鲜袋，放入冰箱的蔬菜区保鲜。
▶ 香菇可以直接冷冻保鲜。如果是整朵冷冻，自然解冻后使用；如果是切片冷冻，可以直接进行烹饪。

菜单的搭配方法・烹饪的步骤

大多数人认为，每天考虑菜单，快速完成料理非常辛苦，

其实，只要掌握大致流程和诀窍，在短时间内自然而然就能做到。

请参照本书向各位介绍的菜单搭配法和烹饪步骤，尝试制作一顿料理吧。

① 考虑菜单

考虑菜单时，除了个人对食物的喜爱以外，营养均衡也十分重要。以均衡营养为基本是日餐历来的风格，像下图一样搭配主食、主菜、配菜，营养自然得到保证。

而且，尽量使用更多食材，采用多种烹饪方法同样关键，如煎、炖、煮等。使用酱油、味噌、醋等调味料调味，菜单内容也就变得丰富。

配菜1
使用蔬菜、菌类、海藻等食材的配菜。含有丰富的维生素和矿物质，有助于促进通过主食和主菜摄入的糖分和蛋白质运动，促进新陈代谢。

主菜
使用肉、鱼、鸡蛋和黄豆等食材，是最主要的一道菜。主菜是蛋白质和脂肪的供给源，有巩固筋骨、促进血液循环等作用。

【参考菜单】
▶ 米饭（主食）
▶ 肉豆腐（主菜）
▶ 冬葱凉拌金枪鱼（配菜1）
▶ 蚬味噌汤（配菜2）

主食
米饭、面包和面类等，以碳水化合物为主的料理。在人体内转化为糖分，是大脑和身体运动重要的能量来源。

配菜2
味噌汤等汤菜，牛奶和乳制品，以及水果和甜点等。有助于补充不足的营养元素，提高对食物的满意度，因此可以增加一道配菜。

② 购买食材

菜单决定以后，开始购买食材。出门前先检查冰箱里的存货，列出需要购买的食材和分量。列清单有助于控制支出，防止忘记想要购买的物品。此外，肉、鱼和蔬菜都是不耐放的食材，最好不要囤货，最理想的分量是可以使用2~3天。

③ 烹饪

开始

Step1 蒸米饭

首先按下电饭锅的开关蒸米饭。米淘净后需要放30分钟左右吸水，所以在出门购买食材之前淘米，浸泡在水中。米量虽然不同，但是一般需要蒸50~60分钟，在蒸米饭期间料理食材。

Step2 处理食材

开始烹饪前，需要进行准备工作，比如切食材、调制调味料等。煎、炖、炸等料理时切记快速进行，因此在准备工作阶段分配好食材，有助于顺利完成烹饪工作。

Step3 烹饪

同时烹饪多种料理时，尽量调整完成时间。首先开始制作比较费时的主菜，在炖煮的过程中，开始准备配菜和汤菜。除此之外，尽早制作凉菜，或者在食用前放入冰箱冷却。

比如说左侧页面的参考菜单，在炖肉豆腐期间，开始制作冬葱凉拌金枪鱼和蚬味噌汤。特别是汤菜，需要趁热食用，所以不要过早开始料理。还有，最好在烹饪的同时，清洗用完的锅和烹饪工具。马上清洗更容易洗净油污，而且还不占水槽和烹饪空间，活动起来更加方便。

完成

Step4 摆盘

根据不同料理，选择大小、形状和深浅合适的餐盘。汤菜一般盛在底部较深的餐盘中。只有一条鱼的话，装盘时注意鱼头朝左，鱼腹朝自己。此外，如何摆盘能让人方便用筷子夹到，如何看起来更美观，这些细节同样重要。因此，摆盘需要考虑整体的美感，比如餐盘的高矮和朝向，以及色彩的搭配，等等。

食材索引

食材索引

※不包括配菜或用于装饰的食材、副食品、调味料佐料和面粉类等。

图书在版编目（ＣＩＰ）数据

零基础日式家庭料理 /（日）岩崎启子著；尤斌斌
译. -- 北京：中国民族摄影艺术出版社, 2015.1
ISBN 978-7-5122-0670-0

Ⅰ.①零… Ⅱ.①岩… ②尤… Ⅲ.①菜谱 – 日本
Ⅳ.①TS972.183.13

中国版本图书馆CIP数据核字(2014)第308825号

TITLE：［和食の教科書ビギナーズ］
BY：［岩﨑啓子］
Copyright © IWASAKI　KEIKO　2011
Original Japanese language edition published by Shinsei Publishing Co.,Ltd.
All rights reserved. No part of this book may be reproduced in any form without the written permission
of the publisher.
Chinese translation rights arranged with Shinsei Publishing Co.,Ltd.
Tokyo through Nippon Shuppan Hanbai Inc.

本书由日本株式会社新星出版社授权北京书中缘图书有限公司出品并由中国民族摄影艺术出
版社在中国范围内独家出版本书中文简体字版本。
著作权合同登记号：01-2014-6421

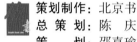

策划制作：北京书锦缘咨询有限公司（www.booklink.com.cn）
总 策 划：陈　庆
策　　划：邵嘉瑜
设计制作：王　青

书　　名：零基础日式家庭料理
作　　者：［日］岩崎启子
译　　者：尤斌斌
责　　编：张　宇
出　　版：中国民族摄影艺术出版社
地　　址：北京东城区和平里北街14号（100013）
发　　行：010-64211754　84250639　64906396
网　　址：http://www.chinamzsy.com
印　　刷：北京利丰雅高长城印刷有限公司
开　　本：1/16　170mm×240mm
印　　张：12
字　　数：120千字
版　　次：2015年3月第1版第1次印刷
ISBN 978-7-5122-0670-0
定　　价：48.00元